蔬菜品种

大白菜

金盛219

锦宝三号

口口金

黄瓜

绿优一号

番茄

金粉218　　　　　　　　　金福

万福

辣椒

烈火S18

烈火S45

萝卜

白玉一号　　　　　　　　　　富帅二号

富美三号

绿富士三号

甜瓜

玉冠一号

小白菜

夏爽

西瓜

蜜宝一号　　　　　　　　　　珍甜1217

茄子

盛圆六号

西葫芦

绿帅一号

绿秀3027

秀玉4363

砧木

鼎力七号

劲力一号

设施蔬菜安全高效生产关键技术

高瑞杰　高中强　主编

中国农业出版社

编 委 会

目　　录

第一章　安全高效栽培技术 ································· 1

第一节　日光温室黄瓜安全高效栽培技术 ··············· 1

第二节　日光温室番茄安全高效栽培技术 ··············· 7

第三节　日光温室茄子安全高效栽培技术 ··············· 15

第四节　日光温室辣（甜）椒安全高效栽培技术 ········· 22

第五节　日光温室西葫芦安全高效栽培技术 ············· 30

第六节　韭菜安全高效栽培关键技术 ··················· 36

第七节　大蒜安全高效栽培关键技术 ··················· 41

第八节　大葱周年栽培技术 ··························· 45

第九节　生姜安全高效栽培关键技术 ··················· 59

第二章　科学施肥技术 ····························· 64

第一节　瓜类蔬菜施肥技术 ··························· 64

第二节　茄果类蔬菜施肥技术 ························· 76

第三节　叶菜类蔬菜施肥技术 ························· 83

第四节　根茎类蔬菜施肥技术 ························· 93

第五节　葱姜蒜类蔬菜施肥技术 ······················· 107

第六节　其他蔬菜施肥技术 ··························· 117

第三章　病虫害综合防治技术 …………………………………… 123

　第一节　蔬菜病虫发生特点及安全用药技术 ………………… 123

　第二节　茄果类蔬菜病害防治技术 …………………………… 128

　第三节　瓜类蔬菜病害防治技术 ……………………………… 133

　第四节　十字花科蔬菜病害防治技术 ………………………… 139

　第五节　葱、蒜、韭菜病害防治技术 ………………………… 143

　第六节　主要蔬菜根结线虫病防治技术 ……………………… 146

　第七节　主要蔬菜害虫防治技术 ……………………………… 148

第四章　生产管理新技术 ………………………………………… 153

　第一节　设施蔬菜有机基质栽培关键技术 …………………… 153

　第二节　设施蔬菜连作障碍综合防控技术 …………………… 159

　第三节　秸秆生物反应堆技术 ………………………………… 169

　第四节　微灌施肥节水节肥技术 ……………………………… 172

　第五节　茄果类蔬菜嫁接育苗技术 …………………………… 184

第五章　蔬菜新优品种 …………………………………………… 196

　第一节　大白菜 ………………………………………………… 196

　第二节　黄瓜 …………………………………………………… 199

　第三节　番茄 …………………………………………………… 203

　第四节　辣椒 …………………………………………………… 208

　第五节　马铃薯 ………………………………………………… 211

　第六节　大葱 …………………………………………………… 213

　第七节　洋葱 …………………………………………………… 214

目　录

第八节　萝卜 ……………………………………………… 215

第九节　甜瓜 ……………………………………………… 218

第十节　小白菜 …………………………………………… 222

第十一节　西瓜 …………………………………………… 223

第十二节　茄子 …………………………………………… 227

第十三节　西葫芦 ………………………………………… 228

第十四节　砧木 …………………………………………… 228

第一章　安全高效栽培技术

第一节　日光温室黄瓜安全高效栽培技术

一、选用优良棚型和设施材料

采用保温、透光、抗风雪能力强的 SD Ⅳ（寿光）、SD Ⅴ 型的日光温室；选择多功能 PO 膜、EVA 功能性棚膜等新型耐老化流滴性强的棚膜；选择保温效果好、防雨雪的保温被；采用肥水一体化微滴灌设施。

二、品种选择

选择优质、高产、抗病抗逆性强、耐低温弱光、连续结果能力强、耐贮运、商品性好，适合市场需求的品种。

三、温室前期准备

1. 清洁田园　清除前茬作物的残枝烂叶及病虫残体。

2. 温室消毒

（1）硫黄熏蒸。病害发生不严重的日光温室，每亩*用硫黄粉 2～3 千克，拌上锯末分堆点燃，密闭熏蒸一昼夜后放风。操作用的农具同时放入室内消毒。

（2）棉隆消毒。棚内土壤深耕 30～40 厘米，亩铺施有机肥 5 000千克，撒施棉隆 30 千克左右，用旋耕机旋耕一次，灌水，使土壤湿度达到 60%～70%。及时覆盖 0.04 毫米厚农用塑料薄膜，

---

　　* 亩为非法定计量单位，1 亩＝1/15 公顷。——编者注

封闭消毒 20～30 天。揭膜透气 7～10 天，用旋耕机翻耕土壤，释放余下的有毒气体。定植前进行发芽安全试验，确定是否有药剂残留。

（3）石灰氮消毒。在 7、8 月闲置季节，在棚内开沟，每亩铺施细碎秸秆 1 000～2 000 千克或畜禽粪便 5～10 米^3，撒施石灰氮 60～80 千克。旋耕 2 遍，深度 30 厘米以上。起垄，高 5～10 厘米。灌透水后用地膜覆盖，再盖严棚膜，闷棚 25～30 天，提温杀菌。

（4）土壤修复。土壤消毒后，配合施用"凯迪瑞""多利维生"等微生物菌剂、生物有机肥或复合微生物肥料等，进行土壤修复。

四、育苗

1. 育苗设施 根据季节不同可选用日光温室、连栋温室等育苗设施，宜采用穴盘育苗，并对育苗设施进行消毒处理。

2. 种子处理

（1）温汤浸种。把种子放入 55℃热水，不断搅拌，待水温降至 30℃时停止搅拌，浸种 20 分钟。用清水冲净黏液后晾干。

（2）药剂消毒。将温汤浸种处理好的种子，用 10%磷酸三钠溶液常温下浸种 20 分钟，或用 50%多菌灵可湿性粉剂 500 倍液浸种 1 小时，或用 100 倍福尔马林溶液浸种 30 分钟，捞出洗净待催芽。

（3）浸种催芽。将处理好的种子浸泡 4～5 小时后捞出洗净，置于 28～30℃温度下催芽。

3. 播种

（1）播种期。根据栽培季节、育苗方式和壮苗指标选择适宜的播种期。秋冬茬 8 月上中旬播种，越冬茬 8 月下旬至 9 月上旬播种，冬春茬 11 月至 12 月播种。

（2）播种量。黄瓜种子千粒重 25 克左右，可根据定植密度确定播种量，一般栽植每亩黄瓜需种子 100～150 克。

（3）播种方法。当催芽种子 70% 以上露白时即可播种。播种前将穴盘浇透底水，水渗下后点播种子，每穴一粒，然后覆 0.8～1.0 厘米湿润基质。可用 50% 多菌灵可湿性粉剂与湿润细土拌匀，撒于穴盘表面，以防治猝倒病，每平方米用药量 8 克。冬春季播种时，育苗床面上覆盖地膜；夏秋季播种时，育苗床覆盖遮阳网或稻草，70% 幼苗顶土时撤除床面覆盖物。

4. 苗期管理

（1）温度。播种至齐苗期，白天温度保持 25～30℃，夜间 16～18℃；齐苗至炼苗期，白天 25～28℃，夜间 14～16℃；定植前 5～7 天，白天 20～23℃，夜间 10～12℃。

（2）光照。冬春育苗应采用反光幕等增光措施；夏秋育苗应适当遮光降温。

（3）水分。保持基质湿润，出苗后注意适当控制，以防徒长。

5. 嫁接 一般采用顶芽插接或靠接等方法嫁接育苗。以白籽南瓜、黄籽南瓜等作砧木，黄瓜作接穗。嫁接后扣小拱棚遮阳，小拱棚内相对湿度为 90% 以上；白天温度 30℃，夜间 18～20℃。嫁接后 3 天逐渐撤去遮阳物，7 天后伤口愈合，不再遮阳。

6. 壮苗标准 子叶完好，茎基粗，根系发达，根色白，叶色浓绿，无病虫害。株高 10～15 厘米，3～4 片叶。

五、定植前准备

1. 基肥 定植前 15～20 天，每亩施充分腐熟优质有机肥 5 000 千克，猪粪、鸡粪、牛粪、马粪都可以，100～150 千克饼肥，氮磷钾（15-15-15）三元复合肥 60～70 千克、微肥 25～30 千克。基肥铺施后，深翻 25 厘米。

2. 起垄 起南北向双垄，垄高 15 厘米，小垄宽 30 厘米、小垄间距 40 厘米、大垄间距 80 厘米。平均垄间距为 60 厘米。

六、定植

1. 定植时间 一般秋冬茬 8 月下旬至 9 月上旬，越冬茬 9 月下旬至 10 月上旬，冬春茬 12 月下旬至 1 月上旬。

2. 定植密度　选择晴天上午定植，先在垄上开沟，顺沟灌透水，然后趁水未渗下按 30～40 厘米的株距放苗，水渗下后封沟。定植 4～5 天后顺行铺设水肥一体化微灌设施灌水。

七、定植后管理

1. 温度　缓苗期，白天 28～30℃，晚上不低于 18℃；缓苗后采用四段变温管理：8—14 时，25～30℃；14—17 时，25～20℃；17—24 时，15～20℃；24 时至日出，15～10℃。

2. 光照　采用透光性能好、耐老化的防雾无滴膜，保持膜面清洁。冬季或早春晴天时尽量早揭草苫或保温被，以增加光照时间。

3. 肥水

（1）追肥。盛果期后进行追肥，每亩追施氮磷钾（10-10-30）的复合肥 15～20 千克，以后每隔 7～10 天冲施一次水溶化肥，每亩冲施 5～7 千克。

（2）浇水。棚内始终保持土壤的相对含水量为 70%～80%。冬季，一般 20～25 天浇水 1 次，土壤相对含水量维持在 75%左右。春、秋季 10 天左右灌水 1 次，土壤相对含水量维持在 80%左右。

（3）空气湿度调控。通过地面覆盖、滴灌、铺设干秸秆，以及通风排湿等措施控制日光温室空气湿度。一般缓苗期要求 80%～90%；开花结瓜期 70%～85%。

4. 植株调整

（1）吊蔓或插架绑蔓。用尼龙绳吊蔓或用细竹竿插架绑蔓。

（2）打底叶。及时去除老叶、病叶，保留 15 片叶左右。

八、病虫害防治

1. 防治原则　按照"预防为主，综合防治"的植保方针，坚持以"农业防治、物理防治、生物防治为主，化学防治为辅"的防治原则。

2. 主要病虫害　霜霉病、白粉病、灰霉病、靶斑病、流胶病，蚜虫、烟粉虱、斑潜蝇、蓟马等。

3. 农业防治

（1）选用抗病品种。针对当地主要病虫害控制对象，选用高抗、多抗的品种。

（2）环境控制。控制好温度和空气湿度，培育适龄壮苗，提高抗逆性；采用高垄栽培，用地膜覆盖地面，降低空气湿度，减少病害发生；合理植株调整，及时清洁田园，改善通风透光条件。

（3）轮作。与非瓜类作物实行 3 年以上轮作。

（4）科学施肥。测土平衡施肥，增施充分腐熟的有机肥。

4. 物理防治

（1）设置防虫网。风口处设置 40 目以上的防虫网，防止粉虱、蚜虫、斑潜蝇侵入危害。

（2）黄蓝板诱杀害虫。棚内悬挂黄色、蓝色黏虫板诱杀蚜虫、粉虱、斑潜蝇、蓟马等害虫。规格 25 厘米×40 厘米，每亩悬挂 30～40 块，黄色、蓝色黏虫板间隔等距离放置，悬挂高度比植株顶部高出 10 厘米。

（3）银灰膜避蚜。铺设银灰色地膜或张挂银灰膜条带驱避蚜虫。

5. 生物防治

（1）丽蚜小蜂。粉虱发生初期虫量达到 0.5～1 头/单株时，开始放丽蚜小蜂，将蜂卡均匀地挂在田间。共分 5～7 次释放，隔 7～10 天释放 1 次，每次释放 2 000～3 000 头/亩，保持丽蚜小蜂与粉虱的益害比 3∶1，当丽蚜小蜂和粉虱达到相对稳定平衡后即可停止放蜂。

（2）生物药剂防治。可用 90％新植霉素可溶性粉剂 3 000～4 000 倍液喷雾防治细菌性病害。可用 5 亿孢子/克的木霉菌水分散粒剂 300～500 倍液喷雾防治灰霉病。可用 2％武夷菌素水剂 200 倍液，或 0.5％印楝素乳油 600～800 倍液，或 0.6％苦参碱水剂

2 000倍液喷雾防治蚜虫、白粉虱、斑潜蝇等。可用2.5%多杀霉素悬浮剂1 000~1 500倍液喷雾防治蓟马。

6. 药剂防治

（1）防治原则。严禁使用剧毒、高毒、高残留农药。各种药剂交替使用。严格控制各种农药安全间隔期。

（2）霜霉病。发病初期，可用50%嘧菌酯水分散粒剂1 500~2 000倍液，或52.5%的噁酮·霜脲氰水分散粒剂1 500倍液，或72.2%霜霉威水剂600倍液，或69%锰锌·烯酰可湿性粉剂600~700倍液喷雾防治，间隔5~7天用药一次，连续防治2~3次。

（3）白粉病。可选用40%氟硅唑乳油3 000倍液，或12.5%烯唑醇可湿性粉剂1 000倍液，或50%嘧菌酯水分散粒剂1 500~2 000倍液喷雾，交替用药，每7~10天用药1次，连续防治2~3次。兼治黑星病。

（4）灰霉病。发病初期，用50%嘧菌酯水分散粒剂1 500~2 000倍液，或50%腐霉利可湿性粉剂1 000倍液，或50%异菌脲可湿性粉剂1 000~1 500倍液，喷雾防治。

（5）靶斑病。发病初期喷洒43%戊唑醇悬浮剂3 000倍液加33.5%喹啉铜悬浮剂750倍液＋柔水通3 000倍液（使用时先化开，此为高渗剂）。鸽哈悬浮剂（25%甲基硫菌灵＋25%百菌清）600倍液。

（6）流胶病。定植期用药。定植时用77%硫酸铜钙（多宁）可湿性粉剂600倍液，返苗后灌第二次，隔7天一次。细菌性茎基腐病和枯萎病混发时，可向茎基部喷灌60%吡唑醚菌酯·代森联（百泰）水分散粒剂1 500倍液，或70%甲基硫菌灵可湿性粉剂1 000倍液，可兼治两种病害。定植后用药。除继续用以上药剂灌根外，还可涂抹：70%甲基硫菌灵＋3%克菌康可湿性粉剂＋50%琥胶肥酸铜可湿性粉剂（1∶1∶1）配成100~150倍稀释液涂抹水渍状病斑及病斑四周。还可用3%克菌康可湿性粉剂800倍＋50%根茎保2号可湿性粉剂800倍液，或56%氧化亚铜（靠山）水分散粒剂800倍液，隔5~7天喷雾一次，连喷2~3次。收获前5天停止用药。

（7）蚜虫、烟粉虱、斑潜蝇。可用 25％噻虫嗪水分散粒剂 5 000～6 000 倍液，或 10％吡虫啉可湿性粉剂 1 000～2 000 倍液，喷雾防治。注意叶背面均匀喷洒。每 5～7 天防治一次，连续防治 2～3 次。

（8）蓟马。发生初期，可用 2.5％多杀霉素悬浮剂 1 000～1 500 倍液，或 10％吡虫啉可湿性粉剂 1 000～2 000 倍液，喷雾防治。

九、采收

适时早采摘根瓜，防止坠秧。及时分批采收，减轻植株负担，以确保商品果品质，促进后期果实膨大。

第二节　日光温室番茄安全高效栽培技术

一、选用优良棚型和设施材料

采用保温、透光、抗风雪能力强的 SDⅣ（寿光）、SDⅤ型的日光温室；选择多功能 PO 膜、EVA 功能性棚膜等新型耐老化流滴性强的棚膜；选择保温效果好、防雨雪的保温被；采用肥水一体化微滴灌设施。

二、品种选择

1. 砧木品种选择　选择耐低温、高抗根腐病、青枯病等根部病害、亲和力高的砧木品种，如强生番砧、坂砧 2 号、日本砧木 1、日本砧木 2 等。

2. 接穗品种　选择优质、高产、抗病抗逆性强、耐低温弱光、连续结果能力强、耐贮运、商品性好，适合市场需求的品种。

三、温室前期准备

1. 清洁田园　清除前茬作物的残枝烂叶及病虫残体。

2. 温室消毒

（1）硫黄熏蒸。病害发生不严重的日光温室，每亩用硫黄粉2～3千克，拌上锯末分堆点燃，密闭熏蒸一昼夜后放风。操作用的农具同时放入室内消毒。

（2）棉隆消毒。棚内土壤深耕30～40厘米，亩铺施有机肥5 000千克，撒施棉隆30千克左右，用旋耕机旋耕一次，灌水，使土壤湿度达到60%～70%。及时覆盖0.04毫米厚农用塑料薄膜，封闭消毒20～30天。揭膜透气7～10天，用旋耕机翻耕土壤，释放余下的有毒气体。定植前进行发芽安全试验，确定是否有药剂残留。

（3）石灰氮消毒。在7、8月闲置季节，在棚内开沟，每亩铺施细碎秸秆1 000～2 000千克或畜禽粪便5～10米^3，撒施石灰氮60～80千克。旋耕2遍，深度30厘米以上。起垄，高5～10厘米。灌透水后用地膜覆盖，再盖严棚膜，闷棚25～30天，提温杀菌。

（4）土壤修复。土壤消毒后，配合施用"凯迪瑞""多利维生"等微生物菌剂、生物有机肥或复合微生物肥料等，进行土壤修复。

四、育苗

1. 育苗设施　根据季节不同可选用日光温室、连栋温室等育苗设施，宜采用穴盘育苗，并对育苗设施进行消毒处理。

2. 种子处理

（1）种子消毒。浸种前用10%磷酸三钠或1%高锰酸钾和50%多菌灵可湿性粉剂600倍液浸泡种子30分钟，将种子捞出，用清水冲洗3～5次。

（2）浸种。将消毒洗净的种子用55℃温水搅拌浸烫10分钟，然后用30℃的净水浸种4小时，捞出种子滤干水分后用消毒湿纱布将种子包好。

（3）催芽。将包好的种子放25～28℃环境中催芽，一般经2～3天即可发芽。当70%种子露白时播种。

3. 基质准备　为便于嫁接苗的管理，应采用穴盘育苗。育苗基质可按蛭石 30%、草炭 60%、腐熟鸡粪 10%（体积%）配制后，再按每立方米基质添加磨细的氮磷钾三元复合肥（15-15-15）1 千克、50%多菌灵可湿性粉剂 200 克、5%辛硫磷颗粒剂 250 克充分拌匀，加水浸润后，以薄膜覆盖堆放 24 小时，之后将其装入 72 孔穴盘。装盘时基质应距离盘口 1 厘米左右，且基质水分适宜，以手紧握指缝出水为度。

4. 播种

（1）播种期。日光温室越冬番茄的育苗时期为 7 月上旬至 9 月上旬，在此范围内的具体播种时间，可根据当地栽培习惯灵活选择。由于番茄嫁接栽培必须播种砧木及接穗 2 个品种，其各自的播种期因嫁接方法不同而异。采用劈接法嫁接，一般砧木较接穗早播 5～7 天，而采用斜切对接法，则砧、穗同时播种即可。

（2）播种方法。播种时先在育苗穴中央打深 1.5 厘米左右小洞，将催好芽的砧木种子放入洞中，每洞 1 粒，整盘播好后，均匀盖约 1 厘米厚的育苗基质，以喷壶浇透水，上覆地膜保湿，置25～30℃环境中培养。接穗种子可采用无穴平盘播种，也可直接播于没有种过茄科作物的苗床上，一般每平方米播种 1.5 克左右。

5. 嫁接前的管理　苗期宜保持适宜温度及湿度。温度，一般白天 25～30℃，夜间 18～20℃，在生长过程中，应根据苗情、基质含水量和天气情况浇水，一般一天喷 1 次透水。其间注意防治病虫害，立枯病可用 50%福美双可湿性粉剂 500 倍防治；猝倒病可用 25%甲霜灵可湿性粉剂 1 500 倍液喷雾防治，或用以上两种药配成毒土撒施；蚜虫、温室白粉虱、美洲斑潜蝇等害虫可用 40 目以上的防虫网覆盖育苗棚室的门和通风口进行预防，少量害虫可张挂黄板诱杀。

6. 适期嫁接

（1）嫁接时期。当砧木幼苗具 6～7 片展开真叶、茎秆直径达 0.5 厘米左右时即可进行嫁接。嫁接前一天叶面喷洒 50%多菌灵可湿性粉剂 500 倍液，嫁接时砧木与接穗苗均应干爽无露珠。嫁接场所应密闭并进行适度遮光处理，以保持高湿无风的环境。

（2）嫁接方法。目前生产上主要用劈接法，用刀片从砧木的第2片真叶上1.5厘米处水平将其上部茎叶削去，再沿切面中心向下纵切1厘米；在接穗顶部2～3片展开真叶下1.5厘米处水平切断，并将其基部沿切口处削成长约1厘米左右的楔形，将接穗楔形插入砧木切口中，立即用嫁接夹固定好。注意砧木切口深度适宜，避免太深造成接穗与砧木接合处产生缝隙，或嫁接夹上部砧木切面反卷。

7. 嫁接苗的管理　嫁接前应先做好嫁接苗培养畦，嫁接苗培养畦应密封、避光、高湿、适温。采取边嫁接、边放苗、边覆盖的措施。嫁接初期，育苗畦温度白天28～30℃，夜间18～22℃，湿度95%左右为宜，并密闭遮光3～4天；之后，视嫁接苗恢复生长情况逐渐在早晚见光，并通小风，以后慢慢半遮阳，视天气及生长情况，一般经10天左右心叶吐绿后可除去遮阳网，进入正常管理。若发现砧木切口面发黑，应立即喷洒药剂，如50%多菌灵可湿性粉剂500倍液、80%代森锰锌可湿性粉剂800倍液等进行喷雾。待嫁接苗接穗长出3～4片新叶后，即可定植。

五、定植

1. 定植前的准备　定植前15～20天，每亩施充分腐熟的优质有机肥10～12米^3，氮磷钾三元复合肥（15-15-15）50～60千克，过磷酸钙100千克，生物肥30～40千克，微肥25～30千克。施肥后深耕耙平。开沟后，做成顶宽80厘米、底宽100厘米、高10厘米的小高畦，畦间道沟宽50厘米，可沟施充分腐熟的黄豆、豆饼、花生饼、豆渣、芝麻饼等，每亩80～100千克。

2. 定植方式　定植时在小高畦上按70厘米左右的间距开沟、浇水、栽苗，株距40厘米，每亩栽植2 000～2 200株，栽后用宽幅地膜进行全地面覆盖。若采取水肥一体化方式浇水，应在覆盖地膜前，先在高畦上铺设水肥一体化设施。定植应选晴暖天气进行，若遇强冷空气或大风天气，可适当延缓种植。幼苗定植时应带嫁接夹，等到绑好第一道蔓后再取下来，防止嫁接口折断。

3. 定植后管理

（1）温度。一般定植到缓苗前不通风，温度可高些，白天可达 28～32℃，以促进缓苗。缓苗后，晴天的白天可控制在 20～25℃，夜间 16～15℃。进入 12 月底或 1 月初，果实开始成熟，此时白天上午 25～30℃，下午 23～24℃。夜间前半夜 13～16℃，后半夜 10～12℃，以利于果实发育成熟和着色。地温应以不低于 15℃ 为准。2 月中旬后，气温升高，必须通过通风来严格控制好昼夜温度：白天 22～28℃，夜间以 13～15℃ 为宜。

（2）光照。番茄是喜光作物，采用透光性好的无滴膜覆盖并及时清除膜上灰尘。越冬茬在前期坚持早揭、晚放草苫，尽量延长光照时间；深冬季节为了保证温室内的温度，可以晚揭、早放草苫。2 月后仍采用早揭、晚放草苫，尽量延长光照时间。同时要及时清洁透明覆盖材料，增加透光率。

（3）水分。番茄定植后，在浇足定植水的基础上，缓苗前要控制浇水。一般直到第 1 花序开花之前不要轻易浇水，植株干旱时少量浇水。从第 1 花序开花到第 3 花序开花之间，应严格控制浇水，以促使根系向土壤深层发展。当第 3 花序开花时，正值第 1 果穗果实进入膨大期，这时开始浇水，水量要足。进入 12 月中旬后，温度低，光照弱，植株生长和果实生长都较缓慢，必须适当控制浇水。2 月中旬后天气转暖，此时要选晴天上午浇水，春季大约每 15 天浇 1 次，但要掌握"浇果不浇花"的原则，以防降低坐果率。

（4）追肥。定植后采收前，应重点以浇水和温度管理来调控底肥的肥效，必要时可顺水追用少量氮肥或复合肥。果实始收时，应进行一次大追肥，一般每亩追施磷酸二铵、尿素和硫酸钾各 15 千克。12 月中旬后到翌年 2 月，是低温期，必须强调追用硝酸铵，以尽快发挥肥效，提高效果。2 月中旬后生长加快，需肥增多，可 1 月左右追肥 1 次，每次每亩施用氮磷钾三元复合肥（16-8-18）15～20 千克。

（5）CO_2 施肥。可在晴天上午 9—11 时，补充 CO_2，适宜浓度为 1 000～1 500 毫克/千克。阴天或光照不足时不施或少施。施肥一般持续 1～2 小时，放风前半小时结束。

六、株植调整

1. 支架（吊秧）绑蔓　为了使番茄受光均匀，应对植株进行支架或吊秧。吊秧时按番茄行距大小南北向拉 12 号铁丝，再在 12 号铁丝上按株距大小竖直拴绳，下端系于番茄茎基部，随株高的增长，将番茄绑在吊绳上。绑蔓时所用绑绳的结绳方法应采用"8"字形，番茄的茎和竹竿分别位于"8"字的两个圆环中，绑茎的环不能勒得太紧，以防影响番茄茎的加粗生长。应随植株生长连续进行多次绑蔓，使茎叶能均匀固定在支架上。

2. 整枝　整枝可根据需要，采取单杆整枝和换头整枝。单杆整枝即只保留主枝，其余侧枝摘除，注意去芽时不宜过早，4～5 叶时留一叶摘除。换头整枝即在主茎第 3 穗花开时，在第 3 穗花上留 2 叶去顶，再在下部留一侧枝代替主枝生长，当第一侧枝第 2～3 穗花开时，再按上述方法去顶留枝，以此类推。

3. 打杈、摘心、去老叶

（1）打杈。番茄侧枝萌发力强，往往几个侧枝同时生长，为促进根系生长和发棵，最初打杈时间可推迟到杈长 5 厘米左右，以后可在 1～2 厘米长时及时抹去。打杈一般与绑蔓结合，要先打健株，后打病株，以防病害相互传染。

（2）摘心。根据栽培目的，果枝上的果穗长足一定数目时，果穗前留 2 片叶打顶，称为"摘心"。摘心后生长点停止生长，能将叶片制造的养分集中运往果实，使果实长得快、大，成熟早。

（3）去老叶。番茄生长后期，下部叶片黄化干枯，失去光合机能，影响通风透光，应将黄叶、病叶、密生叶打去，然后深埋或烧掉。但有正常机能的叶片不能摘。

七、授粉

1. 熊蜂授粉　蜂箱置于离地面 1～1.4 米高。开始使用 1 小时内打开蜂箱两个口，在番茄盛花期，一般亩放 30～35 只熊蜂，可使用 2 个月再更新。熊蜂对高温敏感，于上午在蜂箱和顶部放置一块浸透水的抹布，每隔 2～3 小时淋一次水。

2. 番茄授粉器授粉　用番茄授粉器通过振动植株。以促进花粉授精，提高坐果率。

八、疏花疏果

如果每穗花的数量太多，应将畸形花及特小花摘除，每穗保留 4～5 朵即可。授粉处理后，如果坐果太多，往往会造成果实大小不一，单果重量下降，影响果实品质等问题。因此，应尽早疏果，一般早熟品种每穗留果 4～5 个，晚熟品种留果 3～4 个即可。

九、病虫害防治

1. 防治原则　按照"预防为主，综合防治"的植保方针，坚持以"农业防治、物理防治、生物防治为主，化学防治为辅"的防治原则。

2. 主要病虫害　猝倒病、立枯病、腐霉茎基腐病、灰霉病、早疫病、晚疫病、蚜虫、粉虱、斑潜蝇、蓟马等。

3. 农业防治

（1）选用抗病品种。选用抗黄花曲叶病毒病或多抗的品种。

（2）创造适宜的环境条件。培育适龄嫁接壮苗，提高抗逆性；适宜的肥水；深沟高畦，严防积水；清洁田园。

（3）轮作。与非茄果类蔬菜作物轮作。

4. 物理防治

（1）设置防虫网。在日光温室大棚门口和放风口设置防虫网。防虫网一般选用 40 目以上的银灰色网。

（2）黄蓝板诱杀害虫。温室内设置黄板、蓝板，诱杀蚜虫、烟粉虱、蓟马等。黄板、蓝板悬挂于植株顶部以上 10～15 厘米处，每亩悬挂 30～40 块。黄板、蓝板规格一般为 30 厘米×20 厘米。

（3）银灰膜避蚜。铺设银灰色地膜或张挂银灰色膜条驱避蚜虫。

5. 生物防治　可用90％新植霉素可溶性粉剂3 000～4 000倍液喷雾防治细菌性病害。可用10％多氧霉素可湿性粉剂600～800倍液，或木霉菌可湿性粉剂（1.5亿活孢子/克）200～300倍液喷雾防治灰霉病。可用0.5％印棟素乳油600～800倍液，或0.6％苦参碱水剂2 000倍液喷雾防治蚜虫、白粉虱、斑潜蝇等。

6. 药剂防治

（1）防治原则。严禁使用剧毒、高毒、高残留农药。严格按照农药安全使用间隔期用药。

（2）猝倒病。发现病株，立即拔除，并用72.2％霜霉威水剂800倍液喷雾防治；进行嫁接的，在嫁接前1天苗床喷施50％百菌清可湿性粉剂600倍液防治。也可用30％噁霉·甲霜灵水剂1 500～2 000倍液，进行苗床喷雾或浇灌防治。

（3）立枯病。发病初期，可用50％霜脲·锰锌可湿性粉剂600倍液喷淋防治，或70％甲基硫菌灵可湿性粉剂1 000倍液喷雾防治。

（4）腐霉茎基腐病。发病初期，可用52.5％霜脲氰·噁唑菌酮水分散粒剂800倍液，或50％烯酰吗啉可湿性粉剂800倍液喷雾防治。也可用77％氢氧化铜可湿性粉剂200倍液每株150～200毫升灌根防治。可兼治疫霉根腐病、青枯病。

（5）灰霉病。发病初期，用50％嘧菌酯水分散粒剂1 500～2 000倍液，或50％腐霉利可湿性粉剂1 000倍液，或50％异菌脲可湿性粉剂1 000～1 500倍液，喷雾防治。

（6）早、晚疫病。发病初期，可用18.7％烯酰·吡唑酯水分散粒剂600～800倍液，或用72％霜脲·锰锌可湿性粉剂600～800倍液，或80％代森锰锌可湿性粉剂600～800倍液，或60％吡唑醚菌酯水分散粒剂1 000～1 500倍液，喷雾防治。可兼治叶霉病、灰霉病。

（7）蚜虫、白粉虱、斑潜蝇。可用25％噻虫嗪水分散粒剂5 000～6 000倍液，或10％吡虫啉可湿性粉剂1 000～2 000倍液，喷雾防治。注意叶背面均匀喷洒。

(8) 蓟马。发生初期，可用 2.5％多杀霉素悬浮剂 1 000～1 500倍液，或 10％吡虫啉可湿性粉剂 1 000～2 000 倍液，喷雾防治。

十、采收和落蔓

当番茄果实表面 80％红熟时，及时从果梗节处摘下果实，采收时间一般早晨和傍晚为宜。当果实采收到 3～4 穗甚至以上时，可摘除果实下部的老叶，将嫁接处固定好，把植株嫁接口以上部分降低高度进行落蔓，采摘后加强水肥供应，促进丰产丰收。

第三节　日光温室茄子安全高效栽培技术

一、选用优良棚型和设施材料

采用保温、透光、抗风雪能力强的 SD Ⅳ（寿光）、SD Ⅴ 型的日光温室；选择多功能 PO 膜、EVA 功能性棚膜等新型耐老化流滴性强的棚膜；选择保温效果好、防雨雪的保温被；采用肥水一体化微滴灌设施。

二、品种选择

1. 砧木品种选择　茄子砧木多以野生材料为主，托鲁巴姆、圣托斯、托托斯加、刺茄等砧木对南方根结线虫达高抗水平，刺茄、刚果茄、托托斯加、圣托斯、赤茄、北农茄砧、托鲁巴姆、超脱茄砧等茄子砧木抗冷性强。

2. 接穗品种　选择优质、高产、抗病抗逆性强、耐低温弱光、连续结果能力强、耐贮运、商品性好，适合市场需求的品种。

三、温室前期准备

1. 清洁田园　清除前茬作物的残枝烂叶及病虫残体。

2. 温室消毒

（1）硫黄熏蒸。病害发生不严重的日光温室，每亩用硫黄粉 2～3 千克，拌上锯末分堆点燃，密闭熏蒸一昼夜后放风。操作用的农具同时放入室内消毒。

（2）棉隆消毒。棚内土壤深耕 30～40 厘米，亩铺施有机肥 5 000 千克，撒施棉隆 30 千克左右，用旋耕机旋耕一次，灌水，使土壤湿度达到 60%～70%。及时覆盖 0.04 毫米厚农用塑料薄膜，封闭消毒 20～30 天。揭膜透气 7～10 天，用旋耕机翻耕土壤，释放余下的有毒气体。定植前进行发芽安全试验，确定是否有药剂残留。

（3）石灰氮消毒。在 7、8 月闲置季节，在棚内开沟，每亩铺施细碎秸秆 1 000～2 000 千克或畜禽粪便 5～10 米³，撒施石灰氮 60～80 千克。旋耕 2 遍，深度 30 厘米以上。起垄，高 5～10 厘米。灌透水后用地膜覆盖，再盖严棚膜，闷棚 25～30 天，提温杀菌。

（4）土壤修复。土壤消毒后，配合施用"凯迪瑞""多利维生"等微生物菌剂、生物有机肥或复合微生物肥料等，进行土壤修复。

四、育苗

1. 播种期 日光温室越冬茄子的育苗时期为 7 月下旬至 9 月上旬，在此范围内的具体播种时间，可根据当地栽培习惯灵活选择。采用劈接法嫁接，一般砧木较接穗早播 7～10 天，托鲁巴姆则需早播 30 天左右。

2. 种子处理 播种前种子要经过严格的消毒（包衣种子可不消毒），未经处理的种子播种前晾晒 2 天后，再用 55℃左右的温水浸种 6～8 小时。如果种子可能带有病毒病，则将种子用清水浸泡 2 小时后，再转入 10% 磷酸三钠或 1% 高锰酸钾溶液中浸泡 30 分钟，然后将种子捞出，用清水冲洗 3～5 次，再继续放入清水中浸泡 4～6 小时。浸种过程中应搓洗种子，去掉表面黏质，捞出种子滤干水分后用消毒湿纱布将种子包好，置入敞口的塑料袋中，放

30～35℃环境中保湿催芽，一般经 5 天左右即可发芽。

托鲁巴姆出芽比较困难，一般用随种子销售的催芽剂或 100～200 毫克/升的赤霉素进行处理后催芽，将种子袋内的催芽剂用 25 毫升温水溶解后将托鲁巴姆种子浸泡 48 小时，捞出后装入纱布袋中保湿变温催芽，可以在种子袋外套上 1 个塑料袋，但一定要透气。白天温度保持在 28～32℃，夜间 18～20℃，每天翻动 1 次，用清水投洗 1 次，5 天开始出芽，但出芽不整齐，可挑选露白出芽种子分期播种。

3. 育苗基质配制及装盘 为便于嫁接苗的管理，应采用穴盘育苗。育苗基质可按蛭石 30%、草炭 60%、腐熟鸡粪 10%（体积%）配制后，再按每立方米基质添加磨细的氮磷钾三元复合肥（15-15-15）1 千克、50%多菌灵可湿性粉剂 200 克、5%辛硫磷颗粒剂 250 克充分拌匀，加水浸润后，以薄膜覆盖堆放 24 小时，之后将其装入穴盘。装盘时基质应距离盘口 1 厘米左右，且基质水分适宜，以手紧握指缝出水为度。

4. 播种及嫁接前的管理 播种时先在育苗穴中央打深 1.5 厘米左右小洞，将催好芽的砧木种子放入洞中，每洞 1 粒，整盘播好后，均匀盖约 1 厘米厚的育苗基质，浇透水，上覆地膜保湿，置25～30℃环境中培养。接穗种子可采用无穴平盘播种，也可直接播于没有种过茄科作物的苗床上，一般每平方米播种 1.5 克左右。

苗期宜保持适宜温度及适度，一般昼/夜温度 25～30℃/18～20℃，生长过程中，应据苗情、基质含水量和天气情况浇水，一般一天喷 1 次透水。其间注意防治病虫害，立枯病可用 50%福美双可湿性粉剂 500 倍防治；猝倒病可用 25%甲霜灵可湿性粉剂 1 500 倍液喷雾防治，或用以上两种药配成毒土撒施。蚜虫、温室白粉虱、美洲斑潜蝇等害虫可用 40 目以上防虫网覆盖育苗棚室的门和通风口进行预防，少量害虫可张挂黄板诱杀。

5. 适期嫁接

（1）嫁接适期。当砧木幼苗具 6～7 片展开真叶、茎秆直径达0.5 厘米左右时即可进行嫁接。嫁接前 1 天叶面喷洒 50%多菌灵可湿性粉剂 500 倍液，嫁接时砧木与接穗苗均应干爽无露珠。

（2）嫁接方法。嫁接场所应密闭并进行适度遮光处理，以保持高湿无风的环境。目前生产上多采用劈接法进行嫁接。嫁接时先用刀片从砧木的第 2 片真叶上 1.5 厘米处水平将其上部茎叶削去，再沿切面中心向下纵切 1 厘米；在接穗顶部 2～3 片展开真叶下 1.5 厘米处水平切断，并将其基部沿切口处削成长约 1 厘米左右的楔形，将接穗楔形插入砧木切口中，立即用嫁接夹固定好。注意砧木切口深度适宜，避免太深造成接穗与砧木接合处产生缝隙，或嫁接夹上部砧木切面反卷。

6. 嫁接苗的管理 嫁接前应先做好嫁接苗培养畦，嫁接苗培养畦应密封、避光、高湿、适温。采取边嫁接，边放苗、边覆盖的措施。嫁接初期，育苗畦昼/夜温度以 28～30℃/18～22℃，湿度 95% 左右为宜，并密闭遮光 3～4 天；之后，视嫁接苗恢复生长情况逐渐在早晚见光，并小通风，以后慢慢半遮阳，视天气及生长情况，一般经 10 天左右心叶吐绿后可除去遮阳网，进入正常管理。若发现砧木切口面发黑，应立即喷洒药剂，如 50% 多菌灵可湿性粉剂 500 倍液、80% 代森锰锌可湿性粉剂 800 倍液等进行喷雾。注意茄子砧木叶腋间的易萌生蘖芽，应及时打掉，以免影响正常生长。待嫁接苗接穗长出 3～4 片新叶后，即可定植。

五、定植

1. 基肥 应深翻整地并施足底肥。因砧木的根系十分发达，水肥条件要求较高，故亩施优质农家肥 10 米³ 以上，尿素 50 千克，磷酸二铵 25 千克，硫酸钾 50 千克，过磷酸钙 100 千克。

2. 定植方法 整地施肥、整平耙细后做高畦，畦高 15 厘米左右，上宽 80 厘米，下宽 100 厘米，过道沟宽 60 厘米，株距 50 厘米，定植密度 1 400～1 800 株/亩。

定植后行间安装水肥一体化微灌设施，以便浇水施肥，上覆地膜提温保湿，并封好苗眼。接口处要高出地膜 3 厘米以上，以防嫁接刀口受到二次侵染，导致土传病害发生。定植时间选择晴天上午或阴天进行。

六、定植后的管理

1. 光照 茄子枝叶繁茂，株态开展，相互遮阳，光照不足，易出现植株徒长，花器发育不健壮，出现短柱花，花粉粒发育不良影响受精，果实着色不好且易产生畸形果等现象。因此对光照要求严格，应早揭晚盖草苫，保持日光温室棚膜清洁、干净，增加透光率。特别是阴雪天也要揭开草苫见些散射光。

2. 温湿度 定植后要密闭保温，促进缓苗。缓苗后应较缓苗前有所下降，白天温度 20～30℃，超过 35℃放风。夜间 20～25℃，最低不能低于 20℃，要求空气湿度控制在 80% 左右，土壤保持湿润，忌大水漫灌，宜小水勤浇，低温高湿时尽可能加强通风排湿，以减少发病机会。如天气晴好外界温度达到 20℃左右，棚温超过上限 30℃时，可适当打开前风口降温；当棚温降至 25℃左右及时关闭前风口，同时当天晚上放草苫时上风口留有 25 厘米，不要完全关闭。深冬季节保温为主，减少通风时间。到春季后，温度回升，依据天气预报，当外界最低气温保持在 15℃左右时可停止放草苫。

3. 肥水 定植后浇足水，一般在门茄坐果前不浇水。当门茄进入瞪眼期开始浇水，同时追施氮磷钾三元复合肥（15-15-15），每次 15～25 千克/亩，进入结果盛期 5～7 天浇水一次，要根据植株长势情况合理施肥，如长势较弱，适当增加氮磷肥，隔水追肥 1 次。

4. 植株调整 嫁接茄子生长势强，砧木会萌生新的侧枝，应及时摘除，以防止消耗营养影响茄子生长。同时，还要及时清理底部老叶和无效枝，当植株长到 40 厘米高时开始吊枝，每株只留双杆，每个节间留 1 个侧枝，每个侧枝留 1 个茄子后留 1～2 片叶去头封顶。吊绳要牢固，以防果实增加、植株重量增大而坠秧，并及时绕绳，以利各枝条均衡生长。

5. 灾害性天气时的管理 日光温室越冬长季节茄子栽培受灾

害性天气威胁较大，主要危害是冬季低温和连续阴雨、雪天气，在外界温度较高时，中午前后要揭苫见光；注意控水和适当放风，防止室内湿度过大而发病，用粉尘剂或烟雾剂防病；久阴暴晴，注意回苫；也可采用临时加温措施防寒流袭击。

七、病虫害防治

1. 防治原则 坚持"预防为主，综合防治"的植保方针，优先采用农业措施、物理措施和生物防治措施，科学合理地利用化学防治技术，达到生产绿色食品标准。

2. 主要病虫害 茄子的主要病害有绵疫病、褐纹病、灰霉病、果腐病，虫害有蚜虫、白粉虱、斑潜蝇、茶黄螨、红蜘蛛。

3. 农业防治

(1) 选用抗病品种。根据当地主要病虫害发生及重茬种植情况，有针对性的选用高抗、多抗品种。

(2) 合理布局，轮作换茬。选择 2 年内未种过茄果类蔬菜的地块，并实行年内轮作。

(3) 加强田间管理。定植时采用高垄或高畦栽培，地膜覆盖，并通过放风、增加外覆盖、辅助加温等措施，控制各生育期的温、湿度，减少或避免病害发生；增施充分腐熟的有机肥，减少化肥用量；及时清除前茬作物残株，降低病虫基数；及时摘除病叶、病果，集中销毁。

4. 物理防治

(1) 黄蓝板诱杀。日光温室内悬挂黄（蓝）色板（25 厘米×40 厘米）诱杀白粉虱、蚜虫斑潜蝇等害虫，每亩悬挂 30～40 张。

(2) 银灰膜驱避蚜虫。地面铺设银灰色地膜或张挂银灰色膜条避蚜，并在通风口设置 40 目以上防虫网。

(3) 杀虫灯诱杀。利用电子杀虫灯诱杀鞘翅目、鳞翅目等害虫。杀虫灯悬挂高度一般为灯的底端离地 1.2～1.5 米。

5. 生物防治 可用 2% 宁南霉素水剂 200～250 倍液预防病毒病；用 9% 农抗 120 可湿性粉剂 1 000 倍液喷雾或 300 倍液灌根预

防猝倒病；用 0.5％印楝素乳油 600～800 倍液喷雾防治白粉虱。

6. 药剂防治

（1）防治原则。严格执行国家有关规定，禁止使用剧毒、高毒、高残留农药。交替使用农药，并严格按照农药安全间隔期用药。

（2）绵疫病。发病初期，可用 72％霜脲・锰锌可湿性粉剂 500～800 倍液，或 64％噁霜・锰锌可湿性粉剂 500～600 倍液，喷雾防治。

（3）褐纹病。发病初期，用 58％雷多米尔锰锌或 70％代森锰锌可湿性粉剂 500～700 倍液，或 77％氢氧化铜可湿性粉剂 600～800 倍液，喷雾防治。

（4）灰霉病。发病初期，可用 50％嘧菌酯水分散粒剂 1 500～2 000 倍液，或 50％腐霉利可湿性粉剂 1 000～1 500 倍液，或 50％异菌脲可湿性粉剂 800～1 000 倍液，喷雾防治。

（5）果腐病。发病初期喷洒 30％碱式硫酸铜悬乳剂 400～500 倍液，或 53.8％氢氧化铜水分散粒剂 1 000 倍液、50％甲基硫菌灵・硫黄悬浮剂 800 倍液，喷雾防治。

（6）蚜虫、白粉虱、斑潜蝇。可用 25％噻虫嗪水分散粒剂 5 000～6 000 倍液，或 10％吡虫啉可湿性粉剂 1 000～2 000 倍液，或 40％啶虫脒水分散粒剂 1 500 倍液，喷雾防治。注意叶背面均匀喷洒。也可用 20％异丙威烟剂熏杀。

（7）茶黄螨。可用 15％哒螨灵乳油 3 000 倍液，或 5％唑螨酯悬浮剂 3 000 倍液，或 24％螺螨酯悬浮剂 4 000～5 000 倍液，喷雾防治。

（8）红蜘蛛。为害初期，用 10％联苯菊酯乳油 4 000～8 000 倍液，或 20％氰戊菊酯乳油 1 500～2 500 倍液，喷雾防治。

八、采收

茄子以嫩果为产品，及时采收达商品成熟的果实对提高产量和品质非常重要。紫色和红色的茄子可根据萼片边沿白色的宽窄来判断，白色越宽说明果实生长越快，花青素来不及形成，果实嫩；果实萼片边沿没有白色间隙，说明果实变老，食用价值降低。一般在开花后 25 天即可采后。采收果实以早晨和傍晚为宜，以保持茄子鲜嫩品质，延长市场货架期。

第四节　日光温室辣（甜）椒安全高效栽培技术

一、选用优良棚型和设施材料

采用保温、透光、抗风雪能力强的 SDⅣ（寿光）、SDⅤ型的日光温室；选择多功能 PO 膜、EVA 功能性棚膜等新型耐老化流滴性强的棚膜；选择保温效果好、防雨雪的保温被；采用肥水一体化微滴灌设施。

二、品种选择

1. 砧木品种选择　砧木选择高抗根腐病、青枯病等根部病害，且对低温、高温、盐害等逆境耐性强的品种，如"卫士""布野丁"等。

2. 接穗品种　选择优质、高产、抗病抗逆性强、耐低温弱光、连续结果能力强、耐贮运、商品性好，适合市场需求的品种。

三、茬口安排

山东省日光温室秋冬茬辣椒一般 6 月下旬至 7 月上旬播种，8 月中旬、下旬定植；冬春茬栽培一般 10 月中、下旬至 11 月中旬播种育苗，1 月上、中旬至 2 月上旬定植。

四、温室前期准备

1. 清洁田园　清除前茬作物的残枝烂叶及病虫残体。

2. 温室消毒

（1）硫黄熏蒸。病害发生不严重的日光温室，每亩用硫黄粉

2～3千克，拌上锯末分堆点燃，密闭熏蒸一昼夜后放风。操作用的农具同时放入室内消毒。

（2）棉隆消毒。棚内土壤深耕30～40厘米，每亩铺施有机肥5 000千克，撒施棉隆30千克左右，用旋耕机旋耕一次，灌水，使土壤湿度达到60%～70%。及时覆盖0.04毫米厚农用塑料薄膜，封闭消毒20～30天。揭膜透气7～10天，用旋耕机翻耕土壤，释放余下的有毒气体。定植前进行发芽安全试验，确定是否有药剂残留。

（3）石灰氮消毒。在7、8月闲置季节，在棚内开沟，每亩铺施细碎秸秆1 000～2 000千克或畜禽粪便5～10米^3，撒施石灰氮60～80千克。旋耕2遍，深度30厘米以上。起垄，高5～10厘米。灌透水后用地膜覆盖，再盖严棚膜，闷棚25～30天，提温杀菌。

（4）土壤修复。土壤消毒后，配合施用"凯迪瑞""多利维生"等微生物菌剂、生物有机肥或复合微生物肥料等，进行土壤修复。

五、育苗

1. 种子处理

（1）浸种。选择晴天将精选种子晾晒3～5小时。为防止病毒病、猝倒病等病害，浸种前用10%磷酸三钠或1%高锰酸钾和50%多菌灵可湿性粉剂600倍液浸泡种子20～30分钟，洗净后，倒入55℃温水中，迅速搅拌，待水温降至30℃时停止搅拌，继续浸泡10～12小时。

（2）催芽。将浸好的种子捞出，用湿润的纱布包好，置白天温度28～30℃、夜间15～20℃条件下催芽，每隔4～5小时用温水冲洗一次，补充水分和氧气。当70%种子露白时播种。

（3）基质准备。选择适于辣椒幼苗生长的轻质基质，要求容重0.3～0.5克/厘米^3，总孔隙度60%～80%，持水力100%～120%，pH 5.5～6.2，基质化学性质稳定，无有毒物质。基质配方可选：①草炭∶蛭石∶珍珠岩＝3∶1∶1或6∶1∶3；②发酵牛粪∶

稻壳：珍珠岩＝2：1：1。将基质消毒后装入 72 孔穴盘中。

2. 播种 冬春茬辣椒在日光温室内育苗；秋冬茬需在具有遮阳和降温设施的连栋温室内育苗。由于砧木出苗速度和幼苗生长速率较慢，因此，一般先播砧木，砧木子叶展平时播接穗。播种时，先将穴盘中的基质浇透水，待水渗下后，将催好芽的辣椒种子点播于穴盘内，每穴播 1 粒。播种深度 0.5～1 厘米，播后覆盖消毒蛭石。

3. 嫁接前苗床管理 播种后保持苗床气温白天 27～32℃，夜间 16～20℃，5～7 天可出苗。幼苗出齐后白天将温度控制在 23～28℃，夜间 13～18℃。为了避免幼苗徒长，应控制浇水，保持空气湿度在 60%～80%，光照强度在 400～800 微摩尔/（米³·秒）。及时喷洒杀菌剂和杀虫剂，预防猝倒病、立枯病和白粉虱、蚜虫等病虫害。

4. 嫁接前准备

（1）备好嫁接用工具和设施。嫁接工具包括无菌刀片、竹签、嫁接夹；嫁接设施有小拱棚、草苫、遮阳网等。

（2）严格消毒。用 50% 多菌灵可湿性粉剂 500～600 倍液喷洒苗床、幼苗、嫁接工具。

（3）苗床准备。提前整好苗床，地面喷水使床内空气湿度达到 95% 以上，冬春茬扣小拱棚，秋冬茬在小拱棚上加遮阳网，保持苗床温度 28～32℃。

5. 嫁接

（1）嫁接适期。辣椒嫁接可采用劈接法或插接法。砧木与接穗茎粗相近时用劈接法，二者差别较大时用插接法，均在砧木苗 5～6 片真叶，接穗苗 3～4 片真叶时进行。

（2）劈接法。用刀片将砧木茎切断并从茎中央劈开，下留 2～3 片真叶，切口长度 0.8～1.0 厘米，然后将接穗保留 2 叶 1 心削成楔形，切口长度 0.5～0.8 厘米；最后将削好的接穗插入砧木切口中，用嫁接夹夹好。整盘嫁接完后，放入事先准备好的小拱棚中。

（3）插接法。先取砧木，从下数 2～3 叶处将茎切断，然后用竹签从茎顶端垂直插入 0.8～1 厘米；再取接穗，上留 2～3 片真叶削成楔形或圆锥形，刀口 0.5～0.8 厘米；最后拔出竹签，将接穗迅速插入砧木插孔中。整盘嫁接完后，放入小拱棚中。

6. 嫁接后管理。嫁接后迅速封闭苗床，上盖遮阳网和草苫，2天内不通风，透光率不大于 10%，保持空气湿度 95% 以上，昼/夜温度 28～30℃/25～28℃。若温室内有加温、降温、遮阳和保湿设施，亦可不封闭苗床，在保证适宜温、湿度的前提下，白天可将地膜直接覆盖在嫁接苗上，夜间揭开。

嫁接后 3～5 天，每天上、下午各通风 1 次，每次 20～30 分钟，去除部分草苫，使苗床内透光率达到 20% 左右，空气相对湿度 85%～90%，昼/夜温度仍保持在 28～30℃/25～28℃。

嫁接后 6～8 天，通风次数不变，每次通风时间延长至 50～60分钟，去除草苫，覆盖 2 层黑色遮阳网，调节苗床内透光率在30% 左右，空气相对湿度 70%～80%，昼/夜温度 25～28℃/20～25℃。

嫁接后 8 天左右幼苗成活，可去除遮阳网，逐渐延长通风和见光时间，加大通风量，10 天后进行大温差炼苗，白天 30～35℃，夜间 15～18℃。14 天后日光温室条件下常规管理。注意及时去除砧木侧枝，以免影响接穗生长。

7. 壮苗标准　嫁接伤口完全愈合，茎粗壮，叶色浓绿，根系发达，无病虫害和机械损伤。株高 15 厘米左右，3～5 片真叶。

六、定植

1. 整地、施基肥　在中等肥力条件下，每亩撒施优质腐熟的有机肥 5～8 米³，氮磷钾三元复合肥（15-15-15）40～50 千克。深翻土壤 30～40 厘米，整平后南北向起垄或高畦。

2. 定植方法　一般采用大小行栽培，大行距 60～70 厘米，小行距 40～50 厘米；也可采用高畦栽培，畦宽 50～60 厘米，每畦栽2 行。嫁接苗完全愈合后栽植，按 30～40 厘米的株距挖穴，栽植深度以上至子叶下方，下至主根尖端为宜，切忌将嫁接伤口部位埋入土中。定植后沟内浇水，水量应充足，确保定植垄浸透。并在行间铺设水肥一体化微灌设施。

七、田间管理

1. 秋冬茬嫁接辣椒田间管理

（1）温度、光照管理。从定植到缓苗，应以促根为主，在保证土壤湿度的前提下，及时通风，白天温度控制在 25～30℃，夜间 15～20℃；光照过强时，用遮阳网适当遮光。

缓苗后至门椒开花，注意控制茎叶徒长，尽量增加通风时间和光照强度，延长光照时间。28℃以上打开通风口，20℃以下关闭通风口，保持白天温度 24～28℃，夜间 15～18℃。

对椒坐住后，气温逐渐降低，应注意增光保温。一要选用优质的消雾、无滴塑料薄膜；二要使塑料薄膜保持清洁。当夜间最低气温降到 16℃以下时，加盖草苫或保温被等不透明覆盖材料。9—11 月，30℃以上通风，23℃以下关闭通风口。草苫应早揭晚盖；11 月之后，32℃以上通风，25℃以下关闭通风口。草苫晴天时早揭早盖，阴天时晚揭早盖，尽量保持白天温度 24℃以上，夜间 14℃以上。

（2）肥水管理。定植后连浇 2 水，以促进缓苗，一般不需追肥。缓苗后控水蹲苗，促使根系向深层发展。对椒坐住后，结合浇水每亩施氮磷钾三元复合肥（15-15-15）25～30 千克，腐熟纯鸡粪 50 千克或豆饼 100 千克。11 月之后，30 天左右灌一水，每次灌水都要随水冲施氮磷钾三元复合肥（15-15-15）20 千克/亩和腐熟纯鸡粪 30 千克/亩。结果盛期可喷施 0.5％磷酸二氢钾、0.5％尿素和 15 毫摩尔氯化钙，每 15 天喷施一次。

（3）植株调整。

①吊秧。当辣椒秧长至 40 厘米左右，主枝分杈时开始吊秧，以后随着侧枝的伸长呈 S 形将蔓缠绕在吊绳上。

②整枝与打杈。辣椒的分枝有规律，属假二杈分枝。日光温室

栽培辣椒前期应采用四干整枝，后期缩为双干整枝，即当主干分权时，选留植株上部长势一致的 4 个枝条作为主枝，并保持其平衡向上生长，除去其他多余的分枝，将门花及其以下的侧芽疏掉，以后每周整枝一次，方法不变；第 3 层果实收获后，植株行间因枝叶过多呈现郁闭状态时，剪去两个向外的侧枝，形成向上的双干。

除保留的主枝外，其余的分枝均作为权打掉。打权时注意：一是去内不去外。即重点去除椒棵"内膛枝"，而保留植株外侧的强枝。二是去弱不去强。去除细弱的侧枝，保留长势强壮的主枝。

③摘老叶。辣椒生长中后期，植株比较高大，枝叶相互遮阴，为改善通风透光条件，减少病虫害，要及时摘除植株的老叶、病叶。

2. 冬春茬嫁接辣椒田间管理

（1）培育大龄壮苗。嫁接苗伤口愈合后，可在适宜的环境下长至 6～8 叶，并进行大温差炼苗，白天 30～35℃，夜间 12～15℃。定植前用 10 毫摩尔氯化钙或 10 毫摩尔水杨酸喷撒幼苗，提高幼苗的抗寒性，每天喷 1 次，连喷 3 天后定植。

（2）合理密植。因冬春茬前期温度低，生长速度慢，密度可适当加大，行距 45～55 厘米，株距 30～35 厘米，每亩栽 3 450～4 950株。

（3）温光调控。定植前将前茬作物清除干净，然后密闭温室，用百菌清、二甲菌核利等烟剂熏烟杀菌消毒；起垄后及时覆盖地膜，以提高地温。

1—2 月，日光温室内光照弱、温度低，应注意增光保温。一要保持棚膜清洁，二要合理调节通风量和通风时间，32℃以上通风，24℃以下关闭通风口；三要合理拉放草苫，晴天时早揭早盖，阴天时晚揭早盖。尽量保持室内白天温度 24℃以上，夜间 15℃以上。3 月后，气温逐渐回升，植株生长速度加快，应以控制植株徒长和病虫危害为主。因此，要逐步加大通风量和通风时间，30℃以上打开通风口，22 ℃以下关闭通风口，草苫早揭晚盖。保持室内温度白天 26～30℃，夜间 16～20℃。5～6 月，高温成为日光温室辣椒生长发育的主要限制因子，因此，除了继续加大通风量和通风时间外，光照过强时还应用遮阳网适当遮光。

（4）肥水管理。定植后连浇 2 水，缓苗后控水蹲苗，可喷施15 毫摩尔氯化钙，提高辣椒抗冷性。对椒坐住后，结合浇水每亩施复合肥 25～30 千克，腐熟纯鸡粪 50 千克或豆饼 100 千克。3 月之后，20 天左右浇一水，每次浇水都要随水冲施氮磷钾三元复合肥（15-15-15）30 千克/亩和腐熟鸡粪 50 千克/亩。盛果期喷施 15毫摩尔氯化钙，可改善辣椒光合性能，提高产量。

（5）植株调整。

①整枝。冬春茬嫁接辣椒的整枝方式与秋冬茬相似，即前期采用四干整枝，后期缩减为双干。第 3～4 次侧枝上的果坐住后留 2片叶摘心。

②保花保果。冬春茬嫁接辣椒初果期温度低、光照弱，植株生长速率慢，营养积累量不足，经常出现落花落果现象，可人工授粉或熊蜂授粉。

③疏花。当植株长势较弱时，可将门花及早摘除，以节省营养消耗，以免出现果坠秧现象。

八、病虫害防治

1. 防治原则 按照"预防为主，综合防治"的植保方针，坚持以"农业防治、物理防治、生物防治为主，化学防治为辅"的防治原则。

2. 主要病虫害 主要是病毒病、疫病、炭疽病、灰霉病等地上部病害。虫害有蚜虫、白粉虱、甜菜夜蛾、美洲斑潜蝇等。

3. 农业防治

（1）选用抗病品种。根据当地主要病虫害发生及重茬种植情况，有针对性的选用高抗、多抗品种。

（2）合理布局，轮作换茬。选择 2 年内未种过茄果类蔬菜的地块，并实行年内轮作，秋冬茬与冬春茬不可连作。

（3）加强田间管理。定植时采用高垄或高畦栽培，地膜覆盖，并通过放风、增加外覆盖、辅助加温等措施，控制各生育期的温、湿度，减少或避免病害发生；增施充分腐熟的有机肥，减少化肥用量；及时清除前茬作物残株，降低病虫基数；及时摘除病叶、病果，集中销毁。

4. 物理防治

（1）黄蓝板诱杀。日光温室内悬挂黄（蓝）色板（25 厘米×40 厘米）诱杀白粉虱、蚜虫斑潜蝇等害虫，每亩悬挂 30～40 张。

（2）银灰膜驱避蚜虫。地面铺设银灰色地膜或张挂银灰色膜条避蚜，并在通风口设置 40 目以上的防虫网。

（3）杀虫灯诱杀。利用电子杀虫灯诱杀鞘翅目、鳞翅目等害虫。杀虫灯悬挂高度一般为灯的底端离地 1.2～1.5 米。

5. 生物防治　可用 2％宁南霉素水剂 200～250 倍液预防病毒病；用 9％农抗 120 可湿性粉剂 1 000 倍液喷雾或 300 倍液灌根预防猝倒病和枯萎病；用 0.5％印楝素乳油 600～800 倍液喷雾防治白粉虱。

6. 药剂防治　严禁使用剧毒、高毒、高残留农药，各种农药交替使用，严格按照农药安全使用间隔期用药。

（1）病毒病。发病初期，用 1.5％植病灵 600 倍液，或 5％菌毒清水剂 200～300 倍液，或 4％胞嘧啶核苷肽水剂 500～700 倍液，或用 3％三氮唑核苷可湿性粉剂 600～800 倍液喷雾防治。

（2）疫病。用 58％甲霜灵·锰锌可湿性粉剂 600～800 倍液，或 69％烯酰吗啉·锰锌可湿性粉剂 800 倍液，或 52.5％噁唑菌酮·霜脲氰水分散粒剂 2 000 倍液，或 60％氟吗啉可湿性粉剂 800～1 000 倍液喷雾。

（3）炭疽病。发病初期，可用 25％咪鲜胺可湿性粉剂 800～1 000倍液喷雾防治。

（4）灰霉病。用 40％嘧霉胺悬浮剂 800 倍液，或 50％乙烯菌核利可湿性粉剂 1 000 倍液，或 50％异菌脲可湿性粉剂 1 000 倍液，或 50％腐霉利可湿性粉剂 1 000 倍液等喷雾。

（5）蚜虫、白粉虱、美洲斑潜蝇。可用 25％噻虫嗪水分散粒剂 2 500～3 000 倍液，或 10％吡虫啉可湿性粉剂 1 000 倍液，或 25％噻嗪酮可湿性粉剂 1 500 倍液，喷雾防治，注意叶背面。也可用吡虫啉 30％烟剂，或 20％异丙威烟剂熏杀。

（6）甜菜夜蛾。用 2.5％多杀霉素悬浮剂 1 000～1 500 倍液，或 20％虫酰肼悬浮剂 1 000～1 500 倍液喷雾。

九、采收

果实达商品成熟时，在严格按照农药安全间隔期前提下，及时采收。

第五节　日光温室西葫芦安全高效栽培技术

一、选用优良棚型和设施材料

采用保温、透光、抗风雪能力强的 SDⅣ（寿光）、SDⅤ型的日光温室；选择多功能 PO 膜、EVA 功能性棚膜等新型耐老化流滴性强的棚膜；选择保温效果好、防雨雪的保温被；采用肥水一体化微滴灌设施。

二、栽培季节

一般 10 月上旬至 10 月中旬播种育苗，10 月下旬至 11 月上旬定植，11 月下旬开始采摘，采收期 5 个月以上。

三、品种选择

选用抗病、耐低温弱光、抗逆性强、优质、丰产、商品性好的品种。

四、温室前期准备

1. 清洁田园　清除前茬作物的残枝烂叶及病虫残体。

2. 温室消毒

（1）硫黄熏蒸。病害发生不严重的日光温室，每亩用硫黄粉 2～3 千克，拌上锯末分堆点燃，密闭熏蒸一昼夜后放风。操作用的农具同时放入室内消毒。

（2）棉隆消毒。棚内土壤深耕 30～40 厘米，亩铺施有机肥 5 000 千克，撒施棉隆 30 千克左右，用旋耕机旋耕一次，灌水，使土壤湿度达到 60%～70%。及时覆盖 0.04 毫米厚农用塑料薄膜，封闭消毒 20～30 天。揭膜透气 7～10 天，用旋耕机翻耕土壤，释放余下的有毒气体。定植前进行发芽安全试验，确定是否有药剂残留。

（3）石灰氮消毒。在 7、8 月闲置季节，在棚内开沟，每亩铺施细碎秸秆 1 000～2 000 千克或畜禽粪便 5～10 米^3，撒施石灰氮 60～80 千克。旋耕 2 遍，深度 30 厘米以上。起垄，高 5～10 厘米。灌透水后用地膜覆盖，再盖严棚膜，闷棚 25～30 天，提温杀菌。

（4）土壤修复。土壤消毒后，配合施用"凯迪瑞""多利维生"等微生物菌剂、生物有机肥或复合微生物肥料等，进行土壤修复。

五、育苗

近年来，蔬菜集约化育苗发展迅速，商品蔬菜苗质量高、抗病性强、苗齐苗壮，建议农户从育苗企业订购优质种苗。一家一户育苗应把握以下技术要点：

1. 苗床准备

（1）建造苗床。在日光温室内建造宽 1.2 米，深 10 厘米的平畦苗床。

（2）配制营养土。可用肥沃大田土 6 份，腐熟农家肥 4 份，混合过筛。每立方米营养土加腐熟捣细的鸡粪 15 千克，氮磷钾三元复合肥（15-15-15）2 千克，50% 多菌灵可湿性粉剂 100 克，充分混合均匀。将配制好的营养土装入营养钵或纸袋中，营养钵密排在苗床上。可购买商品基质进行育苗。

2. 种子处理

（1）选种、晒种。播种前进行种子精选，选择有光泽、籽粒饱满、无病斑、无虫伤、无霉变的新种子，并晒种 1~2 天。

（2）种子消毒。用 10％磷酸三钠浸种 20 分钟，或用 50％多菌灵可湿性粉剂 500 倍液，浸种 30 分钟，用清水冲洗干净，再用温水浸种。

（3）浸种催芽。每亩需种子 400~500 克。在容器中放入 55℃的温水，将种子投入水中后不断搅拌，待水温降至 30℃时停止搅拌，浸泡 3~4 小时。浸种后将种子从水中取出，摊开，晾 10 分钟，再用洁净湿布包好，置于 30℃左右条件下催芽，经 1~2 天可出芽。

3. 播种　70％左右的种子发芽时即可播种。播前浇足底水，将种子点播于营养钵内，播后覆 2 厘米厚的干细土。播后苗畦覆盖地膜并插拱，盖薄膜。

4. 苗床管理

（1）温度。播种至出土，白天温度 28~30℃，夜间温度 16~20℃；出土至炼苗，白天温度 20~25℃，夜间温度 12~16℃；炼苗至定植前，白天温度 16~22℃，夜间温度 10~15℃。

（2）光照。幼苗出土后尽可能提供充足的光照条件，防止光照不足引起徒长。

（3）水分。出苗期间保持床土湿润，以后视墒情适当浇水。

（4）炼苗。定植前 1 周，不浇水，加强放风，进行低温炼苗，以利于缩短缓苗期。

5. 定植苗标准　子叶完好，茎粗壮，叶色浓绿，无病虫害。2 叶 1 心，株高 12~15 厘米。

六、定植前的准备

1. 扣棚　定植前 2 天扣膜，外界气温低于 15℃时上草苫，低于 10℃时盖草苫。

2. 整地施肥　定植前 10~15 天，浇水造墒，深翻耙细，整平。结合整地，每亩施用腐熟的优质圈肥 5～6 米³，腐熟的鸡粪 2 000～3 000 千克，磷酸二铵 50 千克，深翻 25 厘米。起垄前将腐熟的饼肥 150 千克均匀撒于垄底，与土掺匀，然后起垄。

3. 起垄　大小行种植，大行 80 厘米，小行 50 厘米，株距 45～50 厘米，每亩 2 000～2 300 株。按种植行距起垄，垄高 15～20 厘米。

七、定植

选择晴天上午，在垄中间按株距要求开沟或开穴，先放苗并埋入少量土固定，然后浇透水。定植后沿定植行间铺设水肥一体化微灌设施。

八、定植后管理

1. 缓苗期管理　缓苗阶段不放风，以提高温度，促使早缓苗。白天室温应保持 25～30℃，夜间 18～20℃，晴天中午室温超过 30℃时，可利用顶窗少量放风。缓苗后要适当降低棚温，盖好地膜。白天室温控制在 20～25℃，夜间 12～15℃，适当控制浇水。

2. 生长期管理

（1）温度。坐瓜后，白天温度 22～28℃，夜间 15～18℃，最低 10℃以上；深冬季节，白天要充分利用阳光增温，控制较高的温度，实行高温养瓜，夜间增加覆盖保温；2 月中旬以后，随着温度的升高和光照强度的增加，要注意放风降温，一般室温不可高于 30℃。

（2）光照。保持棚膜表面清洁，适当早揭晚盖草苫，增加光照强度和时间。连续阴天时，可于午前揭开覆盖物，午后早盖。大雪天，及时清扫积雪，可在中午短时揭开覆盖物。久阴乍晴时，应间隔揭覆盖物，不能猛然全部揭开，以免叶面灼伤。

（3）浇水施肥。根瓜坐住后，每亩追施磷酸二铵 30 千克或氮磷钾三元复合肥（15-15-15）25 千克，于垄侧开浅沟施入。深冬期间至 2 月中旬，每亩每水冲施氮磷钾三元复合肥（15-15-15）10～

15 千克。3 月下旬后，每隔一水冲施一次肥。植株生长后期，可叶面喷施 0.3% 磷酸二氢钾或 0.3% 尿素。

（4）浇水。缓苗后至根瓜坐住，适当控制浇水，进行多次中耕。根瓜坐住后，结合施肥，于膜下浇一次透水。进入深冬后，选择晴天上午浇水，浇水后及时放风排湿，每隔 20 天左右膜下浇一次暗水。2 月中旬以后，10～15 天浇一次水；3 月下旬后，7～8 天浇一次水。

（5）植株调整。在植株长有 8 片叶以上时，及时进行吊蔓、绑蔓，使植株龙头高矮一致，互不遮光。吊蔓、绑蔓时，随时摘除侧芽。瓜蔓高达 1.5 米以上时，及时落蔓，并摘除下部的老、黄、病叶。去老黄叶时，要留 10 厘米左右的叶柄，以防主茎受伤或受病菌的侵染。

（6）保果。西葫芦无单性结实习性，必须进行人工授粉或用防落素等激素处理才能保证坐瓜。方法是在上 9～10 时，摘取当日开放的雄花，去掉花冠，往雌花柱头上轻轻涂抹。也可用 30～40 毫克/千克的防落素等激素溶液涂抹初开的雌花花柄。

九、病虫害防治

1. 防治原则　坚持"预防为主，综合防治"的植保方针，优先采用农业、生物、物理防治措施，辅以化学防治。

2. 主要病虫害　猝倒病、白粉病、灰霉病、疫病、软腐病；蚜虫、白粉虱、红蜘蛛、斑潜蝇等。

3. 农业防治　选用抗病品种，严格种子消毒；拔出病株，摘除病叶，及时清洁田园；与非瓜类作物轮作 3 年以上；通过放风和辅助加温，调节不同生育时期的适宜温度，降低棚室内的空气湿度，创造适宜的生育环境。

4. 物理防治

（1）防虫网阻虫。通风口设置 40 目尼龙网纱，减轻虫害的发生。

（2）黄板诱杀。温室内每亩悬挂 25 厘米×40 厘米的黄板 30～

40 块，诱杀蚜虫、白粉虱、斑潜蝇等害虫，悬挂高度与植株顶部持平或高出 5～10 厘米。

5. 生物防治　应优先采用生物药剂防治病虫害。用 1％农抗武夷菌素 150～200 倍液防治灰霉病，用 4％农抗 120 水剂 600～800 倍液防治白粉病，用 100 万单位新植霉素粉剂 2 000～3 000 倍液防治疫病，用 0.3％印楝素乳油 1 000～1 500 倍液防治白粉虱、蚜虫、斑潜蝇。

6. 化学防治

（1）农药使用原则。严禁使用高毒、剧毒、高残留的农药，注意各种药剂交替使用，严格控制各种农药安全间隔期，采收前 7 天严禁使用化学杀虫剂。

（2）猝倒病。发病初期，用 64％噁霜·锰锌可湿性粉剂 500～600 倍液，或 72.2％霜霉威水剂 5 000 倍液，或 15％噁霉灵水剂 450 倍液，喷雾防治。

（3）白粉病。可用 25％咪鲜胺乳油 1 500 倍液，或 40％氟硅唑乳油 8 000～10 000 倍液，或 15％嘧菌酯悬浮剂 2 000～3 000 倍液，喷雾防治。

（4）灰霉病。在发病初期，可用 50％嘧菌酯可湿性粉剂 3 000 倍液，或 40％嘧霉胺可湿性粉剂 800～1 200 倍，喷雾防治。用激素蘸花时，可在药液中加入 0.1％的 50％腐霉利可湿性粉剂。

（5）疫病。发病初期，可用 18.7％烯酰·吡唑酯水分散粒剂 600～800 倍液，或用 60％吡唑醚菌酯水分散粒剂 1 000～1 500 倍液，或 20％噻菌铜悬浮剂 500 倍液，或 68.5％氟吡菌胺·双霉威盐酸盐悬浮剂 1 000～1 500 倍液，喷雾防治。

（6）软腐病。定植时用 77％硫酸铜钙可湿性粉剂 600 倍液，返苗后灌第二次，隔 7 天一次。细菌性茎基腐病和枯萎病混发时，可向茎基部喷灌 60％吡唑醚菌酯·代森联水分散粒剂 1 500 倍液，或 70％甲基硫菌灵可湿性粉剂 1 000 倍液，可兼治两种病害。

定植后，除继续用以上药剂灌根外，还可涂抹：甲基硫菌灵＋3％克菌康可湿性粉剂＋50％琥胶肥酸铜可湿性粉剂（1∶1∶1）配成 100～150 倍稀释液涂抹水渍状病斑及病斑四周。还可用 3‰克菌康可湿性粉剂 800 倍液加 50％根茎保 2 号可湿性粉剂 800 倍液，或 56％硫酸亚铜水分散粒剂 800 倍液喷雾，隔 5～7 天喷一次，连喷 2～3 次。收获前 5 天停止用药。

（7）蚜虫、白粉虱、斑潜蝇。用 50％吡蚜酮水分散粒剂 2 500～3 000 倍液，或 25％噻虫嗪水分散粒剂 2 500～3 000 倍液，或 40％啶虫脒水分散粒剂 1 000～2 000 倍液，喷雾防治。

（8）红蜘蛛。为害初期，用 10％联苯菊酯乳油 4 000～8 000 倍液，或 20％氰戊菊酯乳油 1 500～2 500 倍液，喷雾防治。

十、采收

根据当地市场消费习惯及品种特性，及时分批采收，根瓜应适当提早采摘，防止坠秧。采收所用工具要保持清洁、卫生、无污染。

第六节　韭菜安全高效栽培关键技术

一、栽培茬次

韭菜生产分露地栽培和保护地栽培，保护地栽培可采取阳畦、中小拱棚、大拱棚、日光温室等多种形式。露地栽培春季一般收 2～3 茬，秋季收 1～2 茬，冬春保护地栽培收 3 茬。一般采用育苗移栽，早春栽培也可开沟直播。

二、品种选择

选用抗病、耐寒、分蘖力强和品质好的品种。

三、播种育苗

1. 种子处理　采取催芽播种的，播前把种子倒在 55℃温水中，不断搅拌，水温降至 25～30℃后，清除浮在水面的瘪籽，浸泡 12

小时，捞出后用湿布覆盖，放在 15～20℃ 的地方催芽，经 2～3 天，80% 的种子露白即可播种。

2. 苗床准备 床土宜选用砂质土壤。冬前翻耕，播种前浅耕，每亩施入腐熟圈肥 5 000 千克、氮磷钾三元复合肥（16-8-18）20 千克，细耙后作畦。一般畦宽 1.5 米，畦长因需而定。

3. 播种

（1）干播法。按 10～12 厘米的行距，开 1.5～2.0 厘米深的浅沟，将干种撒于沟内，平整畦面覆盖种子，镇压后灌水。幼苗出土前保持土壤湿润，防止土壤板结。

（2）湿播法。畦面耧平浇足底水，水渗后播种，先覆一层 0.5 厘米厚细土，将催好芽的种子分 2～3 次撒入畦内，上盖 1.5～2 厘米厚的细土。用种量，每亩苗床用种 4～5 千克，可供 2 000 米² 大田定植用。

4. 苗期管理 播种后，每亩用 48% 仲丁灵乳油或 33% 二甲戊灵乳油 150～200 毫升兑水喷雾，均匀喷于地表，覆膜。苗床上扣 40 目防虫网。70% 幼苗顶土时撤除地膜。幼苗出土前保持土壤湿润。幼苗出齐后，浇水要轻浇勤浇，结合浇水，追施尿素 1～2 次，每亩每次 10 千克。苗高 15 厘米后，控制浇水。

四、整地作畦

定植前结合翻耕，每亩施入腐熟圈肥 5 米³、氮磷钾复合肥（16-8-18）20 千克左右，细耙后平整做畦。畦向、畦宽因栽培方式而定。

五、定植

1. 定植适期 苗高 20 厘米，有 5～6 片叶时即可定植。

2. 定植方法 定植前 2～3 天苗床浇透水，以利起苗。秧苗剪去过长须根和叶片，在 50% 辛硫磷乳油 1 000 倍液中蘸根后定植。畦栽韭菜，行距 18～20 厘米，穴距 10～15 厘米，每穴 10～15 株。开沟定植，沟深 10 厘米左右，覆土后浇水。

六、定植后的管理

1. 定植当年的管理　定植后及时浇水，3～4天后再浇1次水，然后浅耕蹲苗，新叶发出后，浇缓苗水，之后中耕松土，保持土壤见干见湿。高温多雨季节注意排水防涝。8月下旬后，每5～7天浇一次水，结合追施尿素2～3次，每亩每次10千克左右。10月上旬以后减少浇水量。土地封冻前浇防冻水，在行间铺施腐熟有机肥2～3米³保温过冬。

2. 第二年及以后管理

（1）露地栽培管理。

①春季管理。及时清理地面的枯叶杂草。韭菜萌芽时，结合中耕松土，把行间的细土培于株间。返青时，结合浇返青水，每亩追施尿素10千克。每次收割2～3天后，结合浇水，每亩追施氮磷钾三元复合肥（16-8-18）20千克。浇水后及时中耕松土，收割期保持土壤见干见湿。

②夏季管理。减少浇水，及时除草，雨后排水防涝。为防韭菜倒伏，应搭架扶叶，并清除地面黄叶。

③秋季管理。8月下旬开始，每5～7天浇一次水，每次收割2～3天后，结合浇水，每亩追施氮磷钾三元复合肥（16-8-18）20千克。10月上旬以后减少浇水量。土地封冻前浇防冻水，在行间铺施腐熟有机肥2～3米³保温过冬。

（2）保护地栽培管理。

①温度管理。11月下旬后，韭菜进入休眠期，清除枯叶，浅中耕，浇透水，扣棚。扣棚初期和每次收割后，白天温度保持在24～28℃，夜间8～12℃。第一茬韭菜生长期应加强防寒保温，适时揭盖草苫，阴雪天及时清除积雪。扣棚初期不放风，中后期当棚温达到30℃时，及时放风。3月上旬开始大放风，夜间逐步撤去草苫，4月后视气温情况撤去薄膜。

②水肥管理。每次收割2～3天后，结合浇水，每亩追施氮磷钾三元复合肥（16-8-18）20千克。收割期保持土壤见干见湿。

③收获后管理。保护地韭菜收割三刀后的管理同露地栽培。

七、病虫害防治

1. 防治原则 按照"预防为主。综合防治"的植保方针，优先使用农业防治和物理防治。科学、合理使用化学防治。采用种植期和生长期防治相结合，地上诱杀成虫与地下防治幼虫相结合。

2. 主要病虫害 灰霉病、疫病、韭蛆、斑潜蝇等。

3. 农业防治

（1）实行轮作换茬。一般 3～4 年，韭菜与其他非韭蛆的寄主植物轮作一次。

（2）合理控水。露地韭菜，7—8 月控水，高温干旱可增加韭蛆死亡率。设施韭菜，冬季露地养根期间控水，可有效控制韭蛆虫口数量。防止大水漫灌，雨季及时排涝，减轻疫病发生。

（3）浇灌沼液。每次收割后 3～5 天，按 2 千克/米^{2}沼液，加水稀释 1～2 倍，顺韭菜垄或沟灌于韭菜根部，间隔 7 天，再灌1 次。

（4）撒草木灰。在韭菜根部撒草木灰每亩 300 千克，对预防韭蛆有一定效果。

（5）晒土、晒根。露地韭菜，春季土壤开始解冻，萌发前，剔开韭根部周围的土壤晾根，7～10 天后韭蛆可大量死亡，设施韭菜，冬季扣膜前扒土晾根，也可冻杀韭蛆。

（6）合理施肥。施用农家肥应充分腐熟发酵。施用化肥应氮、磷、钾配施，适当补施微肥，防止氮素过量引起植株徒长。韭菜在头刀或二刀后，结合浇水追施碳酸氢铵 2 次，15～20 千克/亩。

4. 物理防治

（1）防虫网。对新种植的韭菜，在成虫羽化出土前或韭菜收割后，覆盖 40 目的防虫网，防止成虫飞入产卵。

（2）盖膜。为减少韭菜气味对成虫的吸引，韭菜收割后立即覆盖塑料薄膜，3～4 天后韭菜伤愈合即可揭去薄膜。

（3）黏虫板诱杀。成虫发生期，放置黄色黏虫板，黄板规格

40 厘米×25 厘米，每 20～25 米²1 张。露地韭菜，黏虫板垂直竖放，放置高度不宜过高，一般距地面 10～25 厘米，以黏虫板一半露出韭菜顶端为宜。设施栽培，黏虫板平放或竖放。当黄板表面粘满韭蛆成虫时，及时更换黏虫板。

5. 生物防治　可用 1％农抗武夷菌素水剂 150～200 倍液，或用 10％多抗霉素可湿性粉剂 600～800 倍液，或木霉菌 600～800 倍液喷雾防治灰霉病。可用 5％除虫菊素乳油 1 000～1 500 倍液喷雾防治韭蛆成虫、斑潜蝇。可用 1.1％苦参碱粉剂 400 倍液，或 0.5％印楝素乳油 600～800 倍液，灌根防治韭蛆。

6. 化学防治

（1）农药防治原则。严禁使用剧毒、高毒、高残留农药和国家规定在蔬菜生产上禁止使用的农药。交替使用农药，并严格按照农药安全使用间隔期用药。

（2）灰霉病。发病初期，可用 25％嘧菌酯悬浮剂 1 500 倍液，或用 40％嘧霉胺悬浮剂 1 000 倍液，或 50％异菌脲可湿性粉剂 1 000倍液，或 50％腐霉利可湿性粉剂 1 000 倍液等喷雾防治。7～10 天喷 1 次，连续防治 2～3 次，以上药剂交替使用。

（3）疫病。收割后喷洒 45％微粒硫黄胶悬剂 400 倍液。发病初期及时喷施 40％乙磷铝可湿性粉剂 200～300 倍液，或 72％霜脲·锰锌可湿性粉剂 600～800 倍液，或 25％丙环唑乳油 3 000 倍液，栽植时选用上述药液沾根均有效果。

（4）韭蛆。韭菜播种时，可选用 40％辛硫磷乳油 600 毫升/亩或 25％噻虫胺水分散粒剂 240 克/亩配制成毒土，撒施。

①成虫化学防治。成虫羽化盛期，上午 9—10 时成虫活动旺盛时，行间喷雾，韭菜收割后喷雾防治成虫效果好。可用 2.5％溴氰菊酯乳油 2 000 倍液，或 5％高效氯氰菊酯乳油 2 000 倍液，或 20％甲氰菊酯乳油 2 000 倍液喷雾，设施栽培韭菜可用 50％硫黄可湿性粉剂 500 克/亩混细土撒施，然后闭棚。

②幼虫化学防治。可选用 25％噻虫胺水分散粒剂 240 克/亩、25％噻虫嗪水分散粒剂 240 克/亩、10％吡虫啉可湿性粉剂 600 克/亩、

40％辛硫磷乳油 600 毫升/亩；75％灭蝇胺可湿性粉剂 400 克/亩等药剂。也可将 25％噻虫胺水分散粒剂 120 克/亩和 5％氟铃脲乳油 300 毫升/亩混用、25％噻虫嗪水分散粒剂 120 克/亩和 5％氟铃脲乳油 300 毫升/亩混用、40％辛硫磷乳油 300 毫升/亩和 5％氟铃脲乳油 300 毫升/亩混用。

③使用方法。一是滴灌法。韭菜收割后第 2～3 天，顺垄根部淋浇，药液用量 300 千克/亩。二是喷雾法。韭菜收割后第 2～3 天，靠近韭菜根部土壤喷药，药液用量 90 千克/亩，喷后浇水。三是毒土法。韭菜收割后第 2～3 天，将药剂加细土（30～40 千克/亩）混匀，顺垄撒施于韭菜根部，然后浇水。

（5）斑潜蝇。在产卵盛期至幼虫孵化初期，可用 50％灭蝇胺可湿性粉剂 2 500～3 500 倍液，或 10％吡虫啉可湿性粉剂 1 000 倍液喷雾防治。

八、采收

韭菜植株长至 25～30 厘米时收割，宜在早晨进行。

第七节　大蒜安全高效栽培关键技术

一、品种选择

选用抗病、高产、优质、商品性好的品种。提倡异地换种或使用脱毒蒜种。

二、种蒜处理

1. 选种　选择头大、瓣大、瓣齐且具有本品种代表性的蒜头，然后掰瓣，按大小瓣分级播种。

2. 药剂浸种　将种蒜蒜瓣用清水浸泡 1 天，再用 50％多菌灵可湿性粉剂 500 倍液浸泡 1～2 小时，捞出晾干表面水分，立即播种。

三、整地施肥

1. 施足基肥　每亩施充分腐熟的农家肥 4～5 米^3，氮肥（N）3～5 千克、磷肥（P$_2$O$_5$）6～8 千克、钾肥（K$_2$O）6～8 千克。可根据当地土壤条件，适当补施硼、锌、硫等中微量元素肥。

2. 整地做畦　整平耙细，使土壤松软细碎。做平畦，畦面宽 1.8 米，畦埂宽 20～30 厘米，高 15 厘米。

四、播种

1. 播种时间　大蒜适宜的发芽温度为 15～20℃。适宜的播期为 9 月 25 日至 10 月 15 日。

2. 播种密度　蒜薹蒜头兼用品种，每亩种植 3 万～4 万株为宜，即行距 15 厘米，株距 12～15 厘米；以采收蒜头为主的品种，每亩种植 2 万～2.5 万株为宜，即行距 17 厘米，株距 15 厘米。

3. 播种方法　按行距开沟，沟深 10 厘米左右，每亩撒施 1.1％苦参碱粉剂 3 千克于播种沟内。蒜瓣腹背面连线与行向平行播种，播深 6～7 厘米。栽完后覆土整平，立即浇透水，沉实土壤。

五、化学除草及覆膜

水渗下后，每亩用 33％除草通（二甲戊灵）乳油 150 毫升，兑水 50 千克喷洒畦面，然后覆盖地膜。尽量拉平地膜，贴紧地面，并封严。

六、田间管理

1. 苗期管理　播种后 7 天左右，幼芽开始出土。在叶片未展开前，用扫帚等轻轻拍打地膜，蒜芽即可透出地膜。少量幼芽不能顶出地膜，可用小铁钩及时破膜拎苗。出苗后视土壤墒情和出苗整齐度可浇一次小水，以利全苗。

2. 冬前及越冬期管理　根据墒情，于 11 月上中旬浇透越冬水。越冬期间注意保护地膜，防止被风吹起。若遇到严寒气候，可在行间铺作物秸秆或牛粪等防冻。

3. 返青期管理　返青前后可喷植物抗寒剂，以防倒春寒危害。春分后注意防治蒜蛆、叶枯病等病虫害。

4. 蒜薹生长期管理　3月下旬至4月上旬温度回升后，结合浇返青水，每亩追施氮肥（N）7.5～10千克，钾肥（K_2O）5千克。至4月中、下旬，蒜薹形成前再浇水一次，并根据植株长势可每亩施入氮肥（N）2～4千克。

5. 蒜头膨大期管理　蒜薹采收后，浇透水并保持土壤湿润。蒜头收获前7天停止浇水。

七、病虫害防治

1. 防治原则　按照"预防为主，综合防治"的植保方针，以农业防治、物理防治、生物防治为主，化学防治为辅。

2. 主要病虫害　叶枯病、灰霉病、锈病、蒜蛆、蓟马等。

3. 农业防治

（1）选种。选用抗病品种或脱毒蒜种。

（2）晒种。播前晒种2～3天。

（3）健身栽培。深耕土壤，清洁田园，与非葱蒜类作物轮作2～3年。施用充分腐熟有机肥，密度适宜，合理水肥。

4. 物理防治

（1）悬挂蓝板。利用蓟马趋蓝色的习性，每亩悬挂20厘米×30厘米的蓝板30～40块，诱杀蓟马成虫。

（2）糖醋液诱杀。采用1＋1＋3＋0.1的糖＋醋＋水＋90％敌百虫晶体溶液，每亩放置3～4盆诱杀地下害虫的成虫。

5. 生物防治　每亩用200IU/毫克Bt乳剂2～3千克，防治蒜蝇幼虫。

6. 药剂防治

（1）农药防治原则。严禁使用剧毒、高毒、高残留农药，交替使用农药，并严格按照农药安全使用间隔期用药。

（2）叶枯病。可选用46.1％氧氯化铜悬浮剂1 000～1 500倍液，或 70％代森锰锌可湿性粉剂 500 倍液喷雾防治，7～10 天喷 1 次，以上药剂交替使用。

（3）灰霉病。可选用 50％腐霉利可湿性粉剂 1 000～1 500 倍液，或 50％多菌灵可湿性粉剂 400～500 倍液，或 50％异菌脲可湿性粉剂 1 000～1 500 倍液喷雾防治，7～10 天喷 1 次，连续防治 2～3 次，以上药剂交替使用。

（4）锈病。在发病初期，用 40％氟硅唑乳油 6 000～8 000 倍液，或 43％戊唑醇悬浮剂 3 000～4 000 倍液，或 10％苯醚甲环唑水分散粒剂 2 000～3 000 倍液喷雾防治，7～10 天喷 1 次，连续防治 2～3 次，以上药剂交替使用。

（5）蒜蛆。可用 50％辛硫磷乳油 100～150 毫升加水 25～30 升稀释，拌种 200 千克左右，随拌随播。生长期间每亩用 25％噻虫胺水分散粒剂 240 克，或每亩用 25％噻虫嗪水分散粒剂 240 克，或每亩用 10％吡虫啉可湿性粉剂 600 克，或每亩用 25％噻虫胺水分散粒剂 120 克和 75％灭蝇胺可湿性粉剂 200 克混用，或每亩用 25％噻虫嗪水分散粒剂 120 克和 75％灭蝇胺可湿性粉剂 200 克混用。将药剂加水稀释，去掉喷雾器喷头，加压后将喷头对准大蒜根部顺垄淋浇灌药。

（6）蓟马。可用 10％吡虫啉可湿性粉剂 1 500～2 000 倍液，或 2.5％多杀菌素悬浮剂 1 000～1 500 倍液，或 5％啶虫脒可湿性粉剂 2 500 倍液喷雾防治。

八、收获

1. 蒜薹收获　当蒜薹弯钩呈大秤钩形，苞上下应有 4～5 厘米长呈水平状态（称甩薹）；苞明显膨大，颜色由绿转黄，进而变白（称白苞）；蒜薹近叶鞘上有 4～6 厘米变成微黄色（称甩黄）时进行收获。采薹宜在中午进行，以提薹为佳，注意保护蒜叶。

2. 蒜头收获　一般采薹后 18 天左右收获。收获后立即在地里用叶盖住蒜头晾晒 3～4 天，注意防止淋雨。

3. 贮藏　当假茎和叶干枯时，可编瓣挂在通风处风干贮藏。也可将蒜头留梗 2 厘米剪下，去掉须根，按级装箱，经预冷后入冷库，在−3℃，相对湿度 75％条件下贮藏。

第八节　大葱周年栽培技术

大葱周年栽培一般安排露地栽培（秋季大葱）、大拱棚越冬栽培（春季大葱）、早春地膜小拱棚促成栽培（夏季大葱）和秋延迟栽培（冬季大葱）四个茬口中，具体安排见表 1-1。

表 1-1　大葱周年生产茬口安排

栽培模式	育苗时间	育苗设施	定植时间	栽培设施	供应市场时间
露地栽培（秋季大葱）	秋播：9 月中、下旬 春播：4 月上旬		6 月中、下旬至 7 月上旬		A：9—11 月上旬 B：越冬芽葱 3 月中旬至 4 月初
大拱棚越冬栽培（春季大葱）	10 月中、下旬	风障加阳畦或一膜一苫	1 月中、下旬	大拱棚三膜覆盖	4 月下旬至 6 月下旬
早春地膜小拱棚促成栽培（夏季大葱）	9 月下旬至 10 月上旬	风障加阳畦或一膜一苫	冬前：11 月中、下旬至 12 月上旬 早春：2 月下旬至 3 月上旬	地膜小拱棚覆盖	6—8 月
	10 月下旬至 2 月下、中旬		4 月中、下旬至 5 月上旬	露地栽培或遮阳网	8—9 月
秋延迟栽培（冬季大葱）	5 月上旬至 6 月上旬	遮阳网	7 月中旬至 8 月中旬	大拱棚一膜或两膜覆盖	12 月至翌年 2 月

一、大葱露地栽培技术（秋季大葱）

（一）育苗

1. 选用优良种　保鲜大葱露地栽培的品种很多。春味、春强、天光一本、元藏、锦藏、东京一本等抗逆性好、抗病性强、假茎组织紧密、整株色泽亮丽、加工品质好的品种均可。

2. 苗床准备　苗床应建在 3 年未种过葱、韭、蒜的田块。苗床东西向，一般宽 1.2 米，长依育苗量而定。每亩定植需育苗面积 60 米^2。建床时，1 米^2 苗床施腐熟的羊马粪 2～3 千克、三元复合肥 100 克、10％粒满库 10～15 克，要与床土充分混匀。

3. 适时播种　秋播以 9 月中下旬为宜；春播以 4 月上旬为宜。以幼苗越冬前有 40～50 天的生育期，能长成 2～3 片真叶，株高 10 厘米左右，径粗 4 毫米以下为宜。这样生理苗龄的幼苗能够安全越冬，可以避免或减少第二年的先期抽薹。播前造墒，每亩定植需撒播葱种 100 克，盖土厚度为 1.5～2 厘米。春播覆土后应覆盖地膜以提温保湿，防止种子落干影响出苗率。

4. 苗床管理

（1）冬前管理。幼苗期植株生长量小，叶片蒸腾小，应控制水肥，防止秧苗长的过大或徒长。一般冬前生长期间浇水 1～2 次即可，同时要中耕拔草，让幼苗生长健壮。冬前一般不追肥，但在土壤解结冻前，应结合追稀粪，灌足冻水。越冬幼苗以长到 2 叶 1 心为宜。

（2）春苗床管理。翌年日平均气温达到 13℃时浇返青水，返青水不宜浇得过早，以免降低地温。如遇干旱也可于晴天中午灌一次小水，灌水同时进行追肥，以促进幼苗生长。蹲苗 10～15 天，使幼苗生长粗壮，为下一阶段的生长打下基础。蹲苗后幼苗进入旺盛生长期，生长显著加快，应顺水追肥，1 米^2 每次施入高氮高钾类型的三元复合肥 20～30 克及粪稀等，以满足幼苗旺盛生长的需要。

春播育苗，出苗期间要保持土壤湿润，以利出苗。苗床干旱，土面板结时应浇水，使子叶顺利伸出地面。如播种后全畦用地膜覆盖，对出苗有较好效果。幼苗出齐，及时撤除地膜。出苗后到3叶时，要控制灌水，使根系发育健壮，3叶后再浇水追肥，促进秧苗生长。当葱苗具有5～7叶时即可定植。

（二）定植

1. 定植时间　定植时间一般在6月上中旬至7月上旬。

2. 整地开沟　前茬收获后结合深耕每亩施充分腐熟农家肥料8 000～10 000千克，耙平后开沟栽植。栽植沟南北向，使受光均匀。沟宽1米，深25厘米，沟底每亩施三元复合肥20千克，划锄入土，土肥混匀。

3. 定植密度　保鲜大葱要求细长，其定植行距1米，株距3厘米，每亩栽2.2万～2.3万株。

4. 精选葱苗　起苗前1～2天苗床浇水，起苗时抖净泥土，选苗分级，剔除病、弱、残苗和有薹苗，将葱苗分为大、中、小三级分别定植。边刨边选，随运随栽，以便缓苗快，生长快。

5. 栽植方法　先用水灌沟，水深3～4厘米，水下渗后再用葱叉压住葱根基部，将葱苗垂直插入沟底，栽植深度视葱苗大小而定，一般5～7厘米，达外叶分权处不埋心为宜。插葱时叶片的分权方向要与沟向平行，以免田间管理时伤叶。

（三）田间管理

1. 浇水　缓苗越夏阶段正是炎夏多雨季节，要注意雨后排水，防止大雨灌葱沟，淤塞葱眼（插葱时的葱权孔），致使根系缺氧，引起腐烂。在此期间一般不浇水，让根系迅速更新，植株返青。8月上、中旬天气转凉，葱白处于生长初期，气温仍偏高，植株生长还较缓慢，对水分要求不高，应少浇水，并于清晨浇水，避免中午骤然降低地温，影响根系生长。这个时期需浇水2～3次。处暑以后，当日平均气温降至24℃以下直至霜降前，大葱进入生长盛期，平均每7～8天即可长出1片叶子，叶序越高，叶片越大，每片叶的寿命也长。这个时期由于叶片和葱白重量迅速增长，需水量也大大增加，应结合追肥、培土，每4～5天浇水1次，而且水量要大，葱沟内要筑拦水埂，使每沟水量浇足浇匀。如天旱少雨，浇水量不足，会严重影响葱白的生长速度和产量。一般高产田在这个阶段要浇水8～10次。霜降以后气温下降，大葱基本长成，进入假茎（葱白）充实期。植株生长缓慢，需水量减少，但仍需保持土壤湿润，使假茎灌浆，叶肉肥厚，充满胶液，葱白鲜嫩肥实。这个时期要灌水2次以满足需要。如缺水则样子枯软、葱白松散，产量降低，品质变劣。收获前7～10天停水，便于收获贮运。

2. 追肥 大葱追肥应分期进行。

（1）葱白生长初期，炎夏刚过，天气转凉，葱株生长逐渐加快，应追1次攻叶肥，亩施高氮高钾类型的三元复合肥35～40千克或者10千克尿素＋20～25千克复合肥于沟脊上，中耕混匀，锄于沟内，而后浇一次水。

（2）葱白生长盛期，是大葱产量形成的最快时期，葱株迅速长高，葱白加粗，需要大量水分和养分。此时应追攻棵肥，分2～3次追入，氮磷钾并重。第一次可施入复合肥25～30千克＋硫酸钾15～20千克，可施于葱行两侧，中耕以后培土成垄，浇水。后两次追肥可在行间撒施硫酸铵或尿素15～20千克，浅中耕后浇水。

3. 培土 大葱假茎的叶鞘细胞伸长时需要黑暗与湿润环境，并要有营养物质输入和贮存作为基础。一般培土越高，葱白越长，葱白组织也较洁白和充实。当大葱进入旺盛生长期后，随着叶鞘加长，及时通过行间中耕，分次培土，使原来的垄脊成沟，葱沟成背。每次培土高度根据假茎生长的高度而定，6～10厘米，将土培到叶鞘和叶身的分界处，即只埋叶鞘，勿埋叶身，以免引起叶片腐烂。从立秋（8月上旬）到收获，一般培土3～4次。

培土时还要注意以下几点：

①取土宽度勿超过行距宽的1/3和开沟深度的1/2，以免伤根，影响根系的发展和伸展。

②培土后要拍实葱垄两肩的土，防止雨或浇水后引起塌落。

③培土应在土壤水分适宜时进行，过湿宜成泥浆，过干土面板

结，均不利于田间操作。

④培土应在下午进行，避免早晨露水大、湿度大时进行，因假茎、叶片容易折断而造成腐烂。

二、大葱大拱棚越冬栽培技术（春季大葱）

（一）育苗

1. 选用良种　应选用耐低温、抗春化、晚抽薹的日本品种极晚抽、春味、天光一本、春强等品种。

2. 苗床准备　苗床应建在 3 年未种过葱、韭、蒜的田块。苗床东西向，一般宽 1.2 米，长依育苗量而定。每亩定植需育苗面积 60 米^2。建床时，1 米^{2}苗床施充分腐熟的农家有机肥 2～3 千克、氮磷钾三元复合肥 100 克、10％粒满库 10～15 克，要与床土充分混匀。同时备好拱条、薄膜、草苫等保温设施。

3. 适时播种　播种适期为 10 月 15—30 日。播前造墒，每定植 1 亩需 60 米^{2}苗床，撒播葱种 100 克，喷水渗下后，用 2 000 倍的移栽灵（50 毫升）喷洒预防倒苗，然后盖土厚度为 2 厘米左右。

4. 苗床管理　播种后及时架设小拱棚，覆盖草苫，以保温防寒、提高地温、促发芽出苗。出苗后棚温尽量控制在 23～25℃，夜间在 8℃以上，应视天气变化情况及时揭盖草苫。冬季雨雪连阴天也要晚揭早盖，尽量增加光照时间。一般苗床不浇水施肥。为防猝倒病，葱苗直钩前后喷洒 2 000 倍的移栽灵 1～2 遍。当葱苗具有 2 叶 1 心时即可定植。

（二）定植

保鲜大葱大拱棚越冬栽培采用两膜一苫的保温措施。

1. 拱棚设施　大拱棚南北向，宽 12 米，长依地而定，边柱高 1.1～1.2 米，中柱高 1.7～1.8 米。定植前 10～15 天应封棚升温以提地温，定植后架设小拱棚并覆盖草苫。

2. 定植时间　定植时间一般在 1 月 15—30 日。定植太早难于管理，发根慢，易烂根，太晚影响春季生长。

3. 整地开沟 前茬收获后结合深耕每亩施腐熟农家肥料 8 000～10 000 千克，耙平后开沟栽植。栽植沟南北向，使受光均匀。沟宽 1 米，深 25 厘米，沟底每亩施三元复合肥 30 千克，划锄入土，土肥混匀。

4. 定植密度 保鲜大葱要求细长，其定植行距 1 米，株距 3 厘米，每亩 2.2 万～2.3 万株。

5. 精选葱苗 起苗前 1～2 天苗床浇水，起苗时抖净泥土，选苗分级，剔除病、弱、残苗和有薹苗，将葱苗分为大、中、小三级分别定植。边刨边选，随运随栽，以便缓苗快，生长快。

6. 药剂蘸根 2 000 倍的移栽灵蘸根，可促进缓苗和生长。

7. 栽植方法 先用水灌沟，水深 3～4 厘米，水下渗后再用葱叉压住葱根基部，将葱苗垂直插入沟底，以栽植深度 5～7 厘米，达外叶分杈处不埋心为宜。插葱时叶片的分杈方向要与沟向平行，以免田间管理时伤叶。

（三）田间管理

1. 温度调控 大葱定植时正值严寒季节，增温保温促生长是关键。定植后立刻覆盖小拱棚，夜间在小拱棚上盖草苫保温。特别是到假茎粗 0.5 厘米以上，植株 4 叶 1 心时更应加强夜间保温管理，尽量减少温度低于 8℃的次数和时间，严防大葱通过春化阶段，导致抽薹开花。到 3 月上中旬，气温已逐渐平稳升高，大葱亦进入假茎生长初期，结合施肥培土，可撤去小拱棚；随气温逐步升高，应逐渐加强大拱棚通风，尽量将温度控制在白天 20～25℃，夜温不低于 8℃的适宜范围内。

2. 浇水 定植后浇一次小水，葱苗根系更新后进入葱白生长初期再浇水，大葱进入旺盛生长期前只能少浇水，浇小水；进入旺盛生长期后要结合培土大水勤浇，叶序越高，叶片越大，需水量越多，中后期结合培土施肥应 5～6 天浇一次水，直至收获。

3. 追肥 大葱缓苗后应追提苗肥，结合浇水每亩施尿素 15 千克＋20～25 千克复合肥；葱白生长初期，生长逐渐加快，应追攻叶肥，每亩追三元复合肥 25 千克＋硫酸钾 25～30 千克；葱白进入生长旺盛期，是大葱产量形成的最快时期，葱株迅速长高，葱白加粗，需肥水量大，应追攻棵肥，氮磷钾并重分 2 次追入，一般每亩施三元复合肥 25～30 千克＋尿素 10～15 千克。

4. 培土 培土是软化叶鞘、防止倒伏、提高葱白产量和质量的重要措施。培土越高，葱白越长，葱白组织也较洁白充实。通过行间中耕和分次培土，使原来的垄背成沟底，葱沟变垄背。每次培土高度 5～6 厘米，将土培到叶鞘与叶身的分界处，即只埋叶鞘，不埋叶身。一般培土 3～4 次。5 月上中旬，当假茎长达 35 厘米、粗 1.8 厘米以上时即可收获。

三、保鲜大葱秋延迟高产栽培技术（冬季大葱）

（一）育苗

1. 选用良种 秋延迟栽培选用品种为元藏、天光一本太、长宝等。这些品种耐寒、抗病性强，低温期生长快，假茎组织紧密，整株色泽亮丽，加工品质好。

2. 苗床准备 苗床应建在 3 年未种过葱、韭、蒜的田块。苗床东西向，一般宽 1.2 米，长依育苗量而定。每亩定植需育苗面积 60～70 米^2。建床时，1 米^{2}苗床施用三元复合肥 50 克、优质有机肥 500 克，10%粒满库 10～15 克，并用药物防治地蛆、蝼蛄等地下害虫，各种肥料农药均要与床土充分混匀。

3. 适时播种 播种适期为 5 月上旬至 6 月上旬。播前造墒，每定植 1 亩大田需 60～70 米^{2}苗床，葱种 100 克。播前造墒，水下渗后均匀撒播葱种，然后 1 米^{2}苗床用 50%多菌灵可湿性粉剂 15 克拌细土 50 克撒盖葱种，以预防苗床病害，然后盖土，厚度为 2.5～3 厘米。覆土厚度少于 2.5 厘米，苗床会失墒过快，影响出苗率。

4. 苗床管理 此期播种气温逐渐升高，光照加强，苗床失水过快，不利于葱苗生长，因此，播种后要架设拱棚，加盖遮阳网，为葱苗创造适宜的生长环境，以利培育壮苗。出苗前如果水分不足可浇小水，保持湿润，床面不能出现龟裂；苗后拉弓期不浇水，直弓后加强水分供给，结合浇水 1 厘米追施三元复合肥 20～30 克；

定植前 15 天应停止浇水，以利壮苗。及时拔除杂草，并注意防治葱苗的猝倒病、霜霉病、紫斑病、锈病和葱蓟马。

（二）定植

定植于 7 月中旬至 8 月上旬进行。在前茬收获后结合深耕每亩施腐熟土杂肥 8 000～10 000 千克，耙平后开沟栽植。栽植沟南北向，使受光均匀。沟宽 1 米，深 25 厘米，沟底每亩施三元复合肥 20 千克，划锄入土，土肥混匀。起苗前 1～2 天苗床浇水，剔除病残弱苗，将葱苗分大、中、小三级分别定植，边刨边栽。定植要于早、晚进行，避开中午的高温，以利于缓苗快，生长快。定植行距为 1 米，株距 3 厘米，每亩定植 2 万～2.1 万株。

（三）田间管理

1. 温度控制 大葱定植后适逢高温，可覆盖遮阳网以利于越夏。冬季前要架设大拱棚，大拱棚南北向，宽 12 米，长依地而定，边柱高 1.1～1.2 米，中柱高 1.7～1.8 米。10 月中旬，大拱棚要覆盖塑料膜。当进入后期，遇严寒天气，有条件的可以加盖 3 米宽的小拱棚，实行二膜覆盖，以利保温。以白天保持在 15～25℃，夜间不低于 6℃为宜。

2. 浇水 定植后浇一次小水，葱苗根系更新后进入葱白初期再浇水。大葱进入旺盛生长期前要浇小水；进入旺盛生长期后要结合培土大水勤浇。总的原则是要见干见湿，旱则浇，涝则排，不能有积水。入冬盖棚后要少浇水，浇小水，以免引起地温下降太快，影响大葱正常生长。

3. 追肥 大葱缓苗后，应追提苗肥，结合浇水每亩施尿素 15 千克＋复合肥 20～25 千克；葱白生长初期，生长逐渐加快，应追攻叶肥，每亩施三元复合肥 25 千克＋硫酸钾 20～30 千克。葱白进入旺盛生长期，需肥量大，应追攻棵肥，氮磷钾并重，每亩施三元复合肥 50～60 千克，尿素 20～30 千克，分 2 次追入。后期，可随浇水每亩冲施鱼蛋白冲施肥 15 千克，以满足大葱的生长需要，有利于提高大葱的抗病、抗寒能力，并提高大葱品质。

（四）培土

盖棚前培土 3～4 次，盖棚后据生长情况培土 1～2 次。11—12 月收获。

四、保鲜大葱地膜小拱棚促成栽培技术（夏季大葱）

（一）育苗

1. 选用良种　选择日本进口良种夏黑二号、长宝，这些品种耐热性强、早熟、品质好，肉质紧密，叶色浓绿，高温季节假茎生长快，增产潜力大，适于加工出口。

2. 苗床准备　苗床应建在三年未种过葱、韭、蒜的田块。苗床东西向，一般宽 1.2 米，长依育苗量而定。每亩定植需育苗面积 60 米^2。建床时，1 米^{2}苗床施腐熟的羊马粪 2～3 千克、三元复合肥 100 克、10% 粒满库 10～15 克，要与床土充分混匀。同时备好拱条、薄膜、草苫等保温设施。

3. 适时播种　大葱越夏栽培，主要是供应 7、8 月的大葱市场，因此，育苗应选在 9 月下旬至 10 月上旬。播前造墒，每亩定植需撒播葱种 100 克，盖土厚度为 1 厘米。

4. 苗床管理　育苗要采用一膜一苫的保温措施。播种后及时架设小拱棚，覆盖草苫，以保温防寒，提高地温，促发芽出苗，有条件的可以考虑用地热线增加地温。出苗后的管理，重在保温。白天尽量控制在 15～25℃，晚上以不低于 6℃为宜。应视天气情况及时揭盖草苫。冬季雨雪连阴天也要晚揭早盖，尽量增加光照时间。注意防治猝倒病。

（二）定植

定植一般在土地封冻前（11 月中下旬至 12 月上旬）或者第二年开冻初（2 月下旬至 3 月上旬）定植。前茬收获后结合深耕每亩施腐熟土杂肥 8 000 千克，耙平后开沟栽植。栽植沟南北向，使受光均匀，沟宽 1 米，深 25 米，沟底每亩施三元复合肥 20 千克，划锄入土，土肥混匀。起苗前 1～2 天苗床浇水，分三级选苗，剔除病、残、弱及有薹苗，边起边栽。定植行距 1 米，株距 3 厘米，每亩栽 2.2 万～2.3 万株。

定植后架设地膜小拱棚。拱条选用 80 厘米长的细竹条，地膜选用 80 厘米宽、厚度 0.06～0.08 毫米规格的微膜。拱棚宽 50 厘米，拱棚顶距离沟底 35～40 厘米。

（三）田间管理

1. 浇水 定植后以防止大风破膜，提温促缓苗为主，缓苗前不浇水，越冬期间也不浇水。春季随着温度逐渐升高，大葱生长加快，进入旺盛生长期，应逐渐加大浇水量和浇水次数；中后期结合培土施肥应 4～5 天浇一次水。6—8 月，注意防涝。

2. 追肥 大葱缓苗后应追缓苗肥，结合浇水每亩冲施尿素 15～20 千克＋20～25 千克复合肥。葱白生长初期应追攻叶肥，每亩冲施三元复合肥 25 千克＋硫酸钾 20～25 千克。在葱白进入旺盛生长期后，结合拔除拱棚后的培土，应氮磷钾并重，每亩分三次追入三元复合肥 20～25 千克＋尿素 10～15 千克。

3. 培土 4 月中旬撤除地膜拱棚。拱棚撤除前不培土，撤除拱棚后第一次培土。一般大葱生长期间培土 3～4 次，以提高大葱的产量和品质。6—8 月，当假茎长达 35 厘米，粗 1.8 厘米以上时可收获。

五、保鲜大葱病虫草害防治技术

保鲜大葱病虫草害的无害化防治技术坚持检疫与防治相结合，以预防为主，综合防治为辅；以农业防治和物理防治为主，化学防治为辅的原则。严格选用高效、低毒、低残留农药，杜绝使用剧毒、高残留农药，以确保大葱的内在品质满足出口的要求。

（一）病害防治

大葱病害主要有霜霉病、白疫病、锈病、紫斑病、灰霉病、软腐病、黄矮病。

1. 霜霉病、白疫病

（1）清洁田园，实行轮作。

（2）多施用优质有机肥，雨后及时排水，使植株健壮生长，增强抗病能力。发病后控制浇水，及早防治葱蓟马，以免造成伤口等。

（3）选用抗病种子。

（4）药剂防治。发病初期 25％嘧菌酯水分散粒剂 34 克/亩或 80％乙磷铝可湿性粉剂 100 克/亩兑水喷雾。间隔 6～7 天，视病情连喷 2～3 次。64％杀毒矾可湿性粉剂 100 克/亩或 70％安克悬浮剂 60～100 毫升/亩，7 天一次，视病情连喷 2～3 次。喷洒 90％三乙膦酸铝可湿性粉剂 400～500 倍液，或 75％百菌清可湿性粉剂 600 倍液、50％甲霜铜可湿性粉剂 800～1 000 倍液、64％杀毒矾可湿性粉剂 500 倍液，72.2％普力克（霜霉威）水剂 800 倍液，隔 7～10 天 1 次，连续防治 2～3 次。

2. 大葱猝倒病　育苗期出现低温、高湿条件发病严重。发病初期用 25％嘧菌酯水分散粒剂 34 克/亩或 72.2％普力克（霜霉威）水剂 100 克/亩兑水喷雾。间隔 6～7 天，视病情防治 2～3 次。64％杀毒矾可湿性粉剂 100 克/亩或 70％安克（烯酰吗啉）悬浮剂 60～100 毫升/亩，间隔 6～7 天，视病情防治 2～3 次。

3. 锈病

（1）多施用充分腐熟的农家肥或者优质商品有机肥，健壮栽培、提高抗病能力。

（2）保护地栽培注意控制好温度和湿度。

（3）及时拔除病株。

（4）发病初期喷洒 15％粉锈宁（三唑酮）可湿性粉剂 2 000～2 500 倍液，或 25％敌力脱（丙环唑）乳油 3 000 倍液，隔 10 天左右 1 次，连续防治 2～3 次。

4. 紫斑病　农业防治措施与霜霉病相同。发病初期，75％达克宁可湿性粉剂 100 克/亩或 74％杀毒矾可湿性粉剂 100 克/亩兑水喷雾。间隔 6～7 天，视病情连喷 2～3 次。可同时兼治霜霉病、白色疫病。25％嘧菌酯水分散粒剂 34 克/亩或 77％可杀得（氢氧化铜）可湿性粉剂 50 克/亩兑水喷雾。间隔 6～7 天，视病情连喷

2～3次。可同时兼治霜霉病、白色疫病。喷洒75%百菌清可湿性粉剂500～600倍液，或64%杀毒矾可湿性粉剂500倍液，或58%甲霜灵·锰锌可湿性粉剂500倍液，或50%异菌脲可湿性粉剂1 500倍液，隔7～10天喷洒1次，连续防治3～4次，均有较好的效果。此外，可喷洒2%多抗霉素可湿性粉剂3 000倍液。

5. 灰霉病

（1）清洁田园，实行轮作。

（2）多施用有机肥，雨后及时排水，使植株健壮生长，增强抗病能力。

（3）发病时保护地栽培停止浇水，降低湿度。

（4）平衡施肥，增加钾肥。

（5）化学防治。发病初期，轮换用50%速克灵（乙烯菌核利）可湿性粉剂、50%扑海因（异菌脲）可湿性粉剂1 000～1 500倍液，或25%甲霜灵可湿性粉剂1 000倍液，或50%多菌灵可湿性粉剂800倍液喷雾，5～7天一遍。也可以用25%嘧菌酯水分散粒剂34克/亩兑水喷雾，间隔6～7天，视病情连喷2～3次。

6. 软腐病

（1）轮作换茬。

（2）施用生物有机肥。

（3）发病初期，喷洒50%琥胶肥酸铜可湿性粉剂500倍液，或70%可杀得（氢氧化铜）可湿性粉剂500倍液，或14%络氨铜水剂300倍液，或新植霉素4 000～5 000倍液，视病情隔7～10天1次灌根和喷洒植株，防治1～2次。

7. 黄矮病

（1）轮作换茬，不要在葱蒜类蔬菜栽培地、采种田育苗。

（2）育苗地要远离路边、沟渠等杂草多的地方，并及时拔除苗床及田间杂草。

（3）及时防治传毒蚜虫和飞虱。

（4）化学防治。发病初期，喷洒1.5%植病灵乳剂1 000倍液，或20%病毒A或湿性粉剂500倍液，或83增抗剂1 000倍液，隔

10 天左右 1 次，防治 1～2 次。

（二）虫害防治

大葱害虫主要有蓟马、斑潜蝇、甜菜叶蛾、葱蝇（葱蛆）。

1. 葱蓟马

（1）清洁田园，及早将越冬葱地上的枯叶清除，消灭越冬的成虫和若虫。

（2）适时灌溉，尤其早春或干旱时，要及时灌水。

（3）药剂防治。发生初期，可用 2.5％的多杀霉素悬浮剂 1 000～1 500 倍液，或 10％吡虫啉可湿性粉剂 1 500～2 000 倍液喷雾防治。以上药剂要轮换使用。

2. 斑潜蝇

（1）清洁田园，前茬收获后清除残枝落叶，深翻，冬灌，消灭虫源。

（2）黄板诱杀成虫，亩悬挂 40～50 块黄板，高度略高于植株。

（3）药剂防治。在产卵盛期至幼虫孵化初期，可用 25％噻虫嗪水分散粒剂 2 500～3 000 倍液，或 10％吡虫啉可湿性粉剂 1 000～2 000 倍液，或 40％啶虫脒水分散粒剂 1 500 倍液，喷雾防治。注意叶背面均匀喷洒。

3. 甜菜叶蛾

（1）秋耕或冬耕，可消灭部分越冬蛹。

（2）采用黑光灯诱杀成虫，频振式电子杀虫灯效果最好，亩悬挂两盏灯可以诱杀成虫 90％左右。

（3）春季 3—4 月清除杂草，消灭杂草上的初龄幼虫。

（4）人工采卵和捕杀幼虫。

（5）糖醋酒液诱杀。用糖、醋、酒、水、敌百虫晶体按 3：3：1：10：0.5 的比例配成溶液，装入直径 20～30 厘米的盆中放到田间，亩放 3～4 盆，随时添加溶液，保持不干，可以有效地诱杀成虫，防治效果良好。

（6）药剂防治。常用的生物防治药剂有 Bt 乳剂、杀螟杆菌、青虫菌粉等，800～1 000 倍液，在 20℃以上气温时使用，效果良好。菌粉中可加 0.1％洗衣粉，提高防治效果。在幼虫 3 龄以前，可用 20％氟虫双酰胺悬浮剂 1 000～1 500 倍液兑水喷雾，视虫情连防 1～2 次。

4. 葱蝇

（1）用糖醋液诱杀成虫，配法是糖∶醋∶水＝1∶2∶2.5，内加少量敌百虫拌匀，倒入放有锯末的碗中加盖，待晴天白天开盖诱杀。

（2）由于成虫具有趋腐臭性特性，故忌用生粪或栽植烂葱，用有机肥必须充分腐熟，且均匀深施。

（3）黄板诱杀成虫，亩悬挂 40～50 块黄板，高度略高于植株。

（4）药剂防治。90％敌百虫配成 800～1 000 倍液灌根杀蛆。

其他地下害虫主要有蝼蛄、蛴螬、金针虫，危害大葱地下根茎部，造成地上部枯死。可用 90％敌百虫晶体 0.15 千克拌豆饼 5 千克，做成毒饵，用毒饵 1.5～2.5 千克/亩来防治。

按照上述防治病虫亩用药量，根据作物不同生育期确定兑水量，一般苗期亩兑水量 20～30 升，成株期 40～50 升。使用上述农药应严格掌握安全间隔期，具体安全间隔期见表 1-2。

表 1-2　农药使用安全间隔期

农药名称	安全间隔期
达克宁	7
嘧菌酯	3
安克	14
翠贝	3
三乙膦酸铝（乙磷铝）	7
虫螨腈（除尽）	7
灭蝇胺	10
噻虫嗪（阿克泰）	5
巴丹	3

（三）草害防治

葱地的杂草，大多是一年生的狗尾草、稗草、马唐、野苋菜、藜等，除草主要靠人工除草，苗床上也可用化学药剂除草。比较安全的除草剂是 33％二甲戊灵乳油，亩用 100 毫升二甲戊灵于播后芽前 1 500 倍液喷雾防除杂草效果很好。大田不能用任何的除草剂。注意：上述所有杀菌剂与杀虫剂必须在大葱收获前 15 天停用，以免产生药残。

第九节　生姜安全高效栽培关键技术

一、姜田整理

耕地前，将基肥均匀撒于地表，然后翻耕 25 厘米以上。按照当地种植习惯做畦，土壤墒情好的，一般采用高畦栽培，干旱少雨地方，一般采用沟栽方式。

二、施肥技术

有条件的地区采取测土配方平衡施肥。一般每亩施优质有机肥 4 000～5 000 千克，氮肥（N）20～30 千克，磷肥（P_2O_5）10～15 千克，钾肥（K_2O）25～35 千克，硫酸锌 1～2 千克，硼砂 1 千克。中、低肥力土壤施肥量取高限，高肥力土壤施肥量取低限。

1. 基肥　将有机肥总用量的 60％、氮肥（N）的 30％、磷肥（P_2O_5）的 90％、钾肥（K_2O）的 60％以及全部微肥做基肥。

2. 种肥　将剩余的有机肥和总量 10％的氮肥（N）、磷肥（P_2O_5）、钾肥（K_2O）做种肥，开沟施用。

3. 追肥　于幼苗期追氮肥（N）总量的 30％；三杈期追氮肥（N）总量的 20％、钾肥（K_2O）总量的 20％；根茎膨大期追氮肥（N）总量的 10％、钾肥（K_2O）总量的 10％。在姜苗一侧 15 厘米处开沟或穴施，施肥深度达 10 厘米以上。

三、姜种的选择和处理

1. 姜种选择　各地应根据栽培目的和市场要求选择优质、丰产、抗逆性强、耐贮运的优良品种。选姜块肥大饱满、皮色光亮、不干裂、不腐烂、未受冻、质地硬、无病虫害和无机械损伤的姜块留种。

2. 姜种处理

（1）晒姜。播种前 20～30 天，将姜种平摊在背风向阳的平地上或草席上，晾晒 1～2 天。傍晚收进室内或进行遮盖，以防夜间受冻；中午若日光强烈，应适当遮阳防暴晒。

（2）困姜。姜种晾晒 1～2 天后，将姜种堆于室内并盖上草帘，保持 11～16℃，堆放 2～3 天。剔除瘦弱干瘪、质软变褐的劣质姜种。

（3）催芽。一般在 4 月 10 日左右进行，在相对湿度 80%～85%、温度 22～28℃ 条件下变温催芽。即前期 23℃ 左右，中期 26℃ 左右，后期 24℃ 左右。当幼芽长度达 1 厘米左右用于播种。

（4）掰姜种（切姜种）。将姜掰（或用刀切）成 35～75 克重的姜块，每块姜种上保留一个壮芽（少数姜块也可保留两个壮芽），其余幼芽全部掰除。

（5）浸种。采用 1% 波尔多液浸种 20 分钟，或用草木灰浸出液浸种 20 分钟，或用 1% 石灰水浸种 30 分钟后，取出晾干备播。

3. 播种

（1）播种期。一般在 4 月，即在 5 厘米地温稳定在 16℃ 以上时播种。

（2）播种密度。高肥水田每亩种植 5 000～5 500 株（行距 60 厘米，株距 20～22 厘米）；中肥水田每亩种植 5 500～6 000 株（行距 60 厘米，株距 18～20 厘米）；低肥水田每亩种植 6 000～7 500 株（行距 55 厘米，株距 16～18 厘米）。同等肥力条件下，大块姜种稀植，小块姜种密植。

（3）播种方法。按行距开种植沟，在种植沟一侧 10 厘米处开施肥沟，施种肥后，肥土混匀后耧平。将种植沟浇足底水，水渗下后，将姜种水平排放在沟内，东西向的行，姜芽一律向南；南北向的行，则姜芽一律向西。覆土 4～5 厘米。

四、田间管理

1. 遮阳　当生姜出苗率达 50％时，及时进行姜田遮阳。可采用水泥柱、竹竿等材料搭成 2 米高的拱棚架，扣上遮光率为 30％的遮阳网。也可用网障遮阳，将宽幅 60～65 厘米、折光率为 40％的遮阳网，东西延长立式设置成网障固定于竹、木桩上。若用柴草作遮阳物，要提前进行药剂消毒处理。8 月上旬，及时拆除遮阳物。

2. 中耕与除草　生姜出苗后，结合浇水、除草，中耕 1～2 次。或用 72％异丙甲草胺乳油或 33％二甲戊灵乳油进行化学除草。

3. 培土　植株进入旺盛生长期，结合追肥、浇水进行培土。以后每隔 15～20 天培土一次，共培土 3～4 次。

4. 水、肥管理

（1）出苗期。出苗 80％时浇一次水。降雨过多的地区，做好排水，防止田间积水。浇水和雨后及时划锄。

（2）幼苗期。土壤湿度应保持在田间最大持水量的 75％左右为宜，及时排灌溉，浇水和雨后及时划锄。于姜苗高 30 厘米左右，并具有 1～2 个小分枝时，进行第一次追肥。

（3）旺盛生长期。土壤湿度应保持在田间最大持水量的 80％为宜，视墒情每 4～6 天浇一次水。做好排水防涝。"三杈期"前后进行第二次追肥。根茎膨大期进行第三次追肥。

5. 扣棚保护　有的地区可进行扣棚保护延迟栽培。具体做法：初霜前在姜田搭起拱棚，扣上棚膜，使生姜生长期延长 30 天左右。

五、病虫害防治

1. 防治原则　按照"预防为主，综合防治"的原则，优先采用农业防治、生物防治、物理防治，合理使用化学防治，不准使用国家明令禁止的高毒、高残留农药。

2. 农业防治　实行 2 年以上轮作；避免连作或前茬为茄科植物；选择地势高燥、排水良好的壤质土；精选无病害姜种；平衡施肥；采收后及时清除病株残体，并集中处理，保证田间清洁。

3. 生物防治

（1）保护利用自然天敌。应用化学防治时，尽量使用对害虫选择性强的药剂，避免或减轻对天敌的杀伤作用。

（2）释放天敌。在姜螟或姜弄蝶产卵始盛期和盛期释放赤眼蜂，或卵乳盛期前后喷洒 Bt 制剂（孢子含量大于 100 亿/毫升）2～3次，每次间隔 5～7 天。

（3）选用生物源药剂。可用硫酸链霉素、新植霉素或卡那霉素500 毫克/升浸种防治姜瘟病。

4. 物理防治 采取杀虫灯、黑光灯、1∶1∶3∶0.1 的糖∶醋∶水∶90％敌百虫晶体溶液等方法诱杀害虫；使用防虫网；人工扑杀害虫。

5. 化学防治

（1）病害的防治。

①姜腐烂病的防治。掰姜前用 1∶1∶100 的波尔多液浸种 20分钟，或 500 毫克/升的硫酸链霉素或新植霉素或卡那霉素浸种 48小时，或 30％氧氯化铜悬浮剂 800 倍液浸种 6 小时。发现病株及时拔除，并在病株周围用 5％硫酸铜或 5％漂白粉或 72％农用链霉素可溶性粉剂或硫酸链霉素 3 000～4 000 倍液灌根，每穴灌 0.5～1 升。发病初期，叶面喷施 20％叶枯唑可湿性粉剂 1 300 倍液，或30％氧氯化铜悬浮剂 800 倍液，或 1∶1∶100 波尔多液，或 50％琥胶肥酸铜可湿性粉剂 500 倍液，每亩喷 75～100 升，10～15 天喷 1 次，连喷 2～3 次；或用 3％克菌康可湿性粉剂 600～800 倍液喷雾或灌根，7 天喷 1 次，连用 2～3 次。

②姜斑点病的防治。发病初期喷施 70％甲基硫菌灵可湿性粉剂 1 000 倍液，或 64％噁霜·锰锌可湿性粉剂 500～800 倍液，7～10 天喷 1 次，连续喷 2～3 次。

③姜炭疽病。炭疽病多发期到来前，用 75％百菌清可湿性粉剂 1 000 倍液叶面喷施；发病初期用 64％噁霜·锰锌可湿性粉剂500 倍液，或 30％氧氯化铜悬浮剂 300 倍液，或 70％甲基硫菌灵可湿性粉剂 1 000 倍液。5～7 天喷 1 次，连续喷 2～3 次。

（2）虫害防治。

①姜螟。叶面喷施 2.5％氯氰菊酯乳油 2 000～3 000 倍液；或 2.5％溴氰菊酯乳油 2 000～3 000 倍液；或 50％辛硫磷乳油 1 000 倍液。7～10 天喷 1 次，共喷 2 次。

②小地老虎。在 1～3 龄幼虫期，用 2.5％氯氰菊酯乳油 3 000 倍液，或 90％晶体敌百虫 800 倍液，或 50％辛硫磷乳油 800～1 000倍液叶面喷杀；或 50％辛硫磷乳油 500～600 倍液灌根，兼治姜蛆、蝼蛄等地下害虫。

③姜弄蝶。幼虫期用 25％喹硫磷乳油 1 000 倍液；或 25％除虫脲可湿性粉剂 2 000 倍液；或 20％甲氰菊酯乳油 3 000 倍液叶面喷施。

六、采收

1. 采收时间　一般在霜降前后采收，采用秋延迟栽培的可延后一个月采收。用于加工的嫩姜，在旺盛生长期收获。

2. 采收方法　收获前，先浇小水使土壤充分湿润，将姜株拔出或刨出，轻轻抖掉泥土，然后从地上茎基部以上 2 厘米处削去茎秆，摘除根须后，即可入窖（不必晾晒）或出售。

第二章 科学施肥技术

第一节 瓜类蔬菜施肥技术

一、黄瓜施肥技术

(一)黄瓜生物学特性和条件要求

黄瓜属葫芦科植物,根系入土较浅,主要根系分布在 15~30 厘米的耕层中。根系再生能力弱,吸收能力差。土壤空气充足时,有利于根系有氧呼吸,促进根系生长发育和对氮、磷、钾等矿质养分的吸收。

黄瓜喜欢温暖,不耐低温。正常生长界限温度为 10~35℃,最佳温度 18~32℃,根系生长的最适温度 20~35℃。黄瓜需水量大,喜湿而不耐旱,对土壤和空气湿度也要求较高。田间持水量应保持在 75%~90%,空气相对湿度 80%~90% 比较适宜,过湿则容易发生病害。黄瓜喜肥但不耐肥,耐弱光,雌雄异花同株,性型分化可塑。夜间温度低、短日照、乙烯利处理、养分供应充足等均有利于雌花分化。

黄瓜耐盐能力差,要求土壤疏松肥沃,透气性良好,壤土种植最适宜。黏土发根不良,砂土发根前期旺盛,后期易老化早衰,黄瓜适于弱酸性至中性土壤,最适 pH 5.4~7.8。当 pH 在 5.4 以下,植株易发生生理障害,黄化枯死;pH 高于 7.8 时,易发生盐害,土壤盐分过高时,出现尖嘴瓜。

黄瓜光合作用对二氧化碳的浓度要求较高,空气中的二氧化碳浓度不能满足高产需求,在保护地越冬栽培长期密闭条件下,浓度更低。补充二氧化碳气肥效果显著。

（二）黄瓜的营养及需肥特性

黄瓜喜肥，管理上需要大肥大水。据研究资料，黄瓜一生需钾最多，氮次之，需磷较少。每生产 1 000 千克黄瓜需要吸收氮 2.8～3.2 千克，五氧化二磷 0.8～1.3 千克，钾 3.6～4.4 千克，钙 2.3～3.9 千克，镁 0.7～0.8 千克。黄瓜植株对各种元素的吸收量与光照强度成正比，晴天植株对氮和钾的吸收速率随辐射强度增加而增加。阴天时，氮、钾吸收速率明显降低。磷的吸收速率受日照强度的影响较少，受温度影响大，温度高时磷的吸收速率高。

在黄瓜全生育期内，养分吸收与植株生长基本同步，前少后多，随生育期进程持续增加，进入果实采收期则急剧增加。苗期虽然需要量很少，但对氮磷营养十分敏感，供应不足则严重影响产量。初花期前养分吸收量占全生育期的 5%～7%，始采-盛采期则占到 30% 左右，盛采-拉秧占 30%～40%。另外，研究表明，完全施有机肥，黄瓜主根长而侧根、细根少；完全施用化肥，侧根、细根多；有机肥和化肥配合施用，主根长，侧根也多；有机肥数量增加，雌花数量也增加，还可增加叶片数量，延缓叶片衰老，从而增加产量。

任何养分供应不足，都会影响黄瓜植株生长发育。氮肥不足，叶绿素的含量减少，光合成能力差，植株营养不良，下叶老化和落叶早。氮不足时，磷的吸收也会受阻。钾对光合成和物质分配都有重大作用。缺钾时，养分的运转受阻，根部的生育受抑制，黄瓜植株的生育也就迟缓起来，黄瓜出现大肚瓜。多氮、多钾、缺钙、缺硼易出现蜂腰瓜。黄瓜对镁、锰、钙、钼、硼、铁、锌微量元素也表现敏感，棚龄较长的大棚，应配施相应的中微量元素肥料。

（三）黄瓜施肥技术

随着栽培技术的进步，目前，我国露地栽培和保护地栽培均广泛采用，而以保护地栽培为主，基本做到周年供应。目前，保护地黄瓜生产中存在的问题主要有：盲目大量施用化肥，氮磷肥施用明显过量，钙、锌、硼等中、微量元素相对缺乏。土壤盐分富集，引发次生盐渍化，微生物失活，土壤湿黏干硬，结构变差。生理病害易发多发，黄瓜品质和产量降低。

保护地黄瓜施肥总的原则是：增施有机肥，肥地减害，配施生物肥，活化土壤，减氮、控磷、调钾、补微，基肥追肥统筹互补，测土配方施肥。

黄瓜全生育期养分吸收量可根据实际产量和每吨产量养分吸收量推算。考虑到施入的养分并不能被作物全部吸收，实际施肥量要远大于理论吸收量。其中氮为吸收量的 2.5～3.5 倍，磷为 4～5 倍，钾为 2～3 倍。需结合土壤肥力、栽培品种、管理措施等因素具体确定。

在当前保护地栽培常规土壤条件和管理措施下，中等产量水平（6～8 吨/亩），建议施肥技术方案如下：

1. 基肥方案

（1）增施有机肥。新建或棚龄较短的大棚，每亩施用充分腐熟的有机肥 8～10 米³，以快速育肥土壤。5 年以上的大棚，如果有机质含量明显提升，肥力达到较高水平，可以施用腐熟的有机肥 2～3 米³或精制商品有机肥 500～1 000 千克。生鲜鸡粪和未充分腐熟的有机肥含有病菌、线虫等有害物质，且继续腐熟过程还产生热量，容易烧根伤苗，必须充分发酵腐熟后施用。

（2）提倡施用生物有机肥。对于土壤板结失活，有连作障碍的土壤，建议每亩施用生物肥 2～3 千克或生物有机肥 100～150 千克。

（3）合理配施化肥。有两个可选方案：一是 3 年以内新棚，亩施 15-18-12 的硫酸钾配方肥 50 千克，配施磷酸二铵 50 千克，第 4—5 年磷酸二铵使用量减为 25 千克，5 年后不再基施。二是 5 年以上老棚，可用 15-18-12 或 15-20-10 的高浓度硫酸钾配方肥 50 千克，或有机无机复混肥 60～80 千克。

（4）有针对性的配施中微量元素肥料。根据当地土壤测试结果，缺什么补什么。通常缺乏的中微量元素有锌、硼、钙。相应的亩施用量分别为：锌肥 2 千克，硼肥 0.5 千克，硅钙肥或含钙土壤调理剂 25~50 千克。

　　基肥施用可在整地前将有机肥、生物有机肥、中微肥、土壤调理剂和 2/3 的化肥均匀撒于地面，耕翻混匀。另 1/3 化肥施于种植带，深度 10~15 厘米。

　　2. 追肥方案　黄瓜结瓜期较长，需养分量大，但根系吸肥能力弱，每次的追肥量不宜过大，应掌握轻施勤施、少量多次的原则。一般要追肥 8~10 次，总追肥量在 200 千克左右。

　　（1）苗期。一般不追肥，定植时，每亩用 2 千克微生物菌剂穴施于定植带，以刺激根系生长，提高缓苗成活率。定植后根据苗情，随浇稳苗水追施促苗肥，每亩用尿素或高氮冲施肥 10 千克。秋延迟直播又没有施底肥的，应该多施促苗肥。

　　（2）开花结瓜期。初花期以控为主，防治茎叶徒长引起化瓜。追肥时间间隔因季节和温度而不同。根瓜生育期，植株生长量和结瓜数还不多，浇水施肥量不要太大，一般每亩用三元复合肥 10~15 千克即可。

　　（3）盛瓜期。根瓜采收后，瓜秧逐渐繁茂，一般采用顺水追肥。原则每隔 1 水，顺水追肥 1 次。每亩用三元复合肥 15~20 千克即可。棚龄较长的大棚，也可与生物冲施肥、甲壳素、腐殖酸、海藻酸的冲施肥轮换冲施。追肥间隔期要根据气候灵活掌握。春季前期 15~20 天 1 次，后期 7~10 天 1 次；冬季 20~30 天 1 次；夏秋茬前期 7~10 天 1 次，后期 10~15 天 1 次。

　　3. 二氧化碳气肥　在保护地内使用，可以显著提高黄瓜产量与品质。可于上午且温室不需通风的前提下，采用碳酸氢铵与稀硫酸进行化学反应释放 CO_2 施肥，将室内 CO_2 浓度控制在 800~1 000 毫克/升。也可采用煤气燃烧法和内置式秸秆生物反应堆技术提高二氧化碳浓度。

二、西葫芦施肥技术

（一）西葫芦的生物学特性和条件要求

　　西葫芦属于南瓜的变种，其根系发达，主要根群深度为 10~

30 厘米，以侧根水平生长为主；根系吸水吸肥能力较强，但根系再生能力弱。大棚栽培多采用矮生、叶片小、裂刻深、叶柄较短的品种。花有雌雄之分，雌雄同株异花，在夜温低、短日照、碳素水平较高、阳光充足的条件下，有利于雌花形成。单性结实差，棚室生产必须授粉才能多结瓜。

西葫芦喜温，不耐低温，棚室栽培在 12℃才能正常生长。为短日照作物，苗期短日照有利于雌花分化，降低雌花节位；结瓜期，晴天强光照，利于坐瓜，提高早期产量。喜湿，在土壤和空气湿度大时，生长旺盛。但棚室栽培中湿度过大易引发病害。对土壤要求不严格，但不耐盐碱，适宜在中性或微酸性的土壤上种植。

(二) 西葫芦的营养及需肥特性

西葫芦一生需氮量最多，其次是钾，每生产 1 000 千克果实需要氮 5.47 千克，磷 2.22 千克，钾 4.09 千克。西葫芦喜硝态氮和钾肥，对磷素营养要求一般，不同生育时期对肥料种类、养分比例需求有所不同。出苗到开花结瓜前需供给充足氮肥，促进植株生长，为果实生长奠定基础。前 1/3 的生育阶段对氮磷钾钙的吸收量少，植株生长缓慢；中间 1/3 的生育阶段是果实生长旺期，随生物量的剧增，对氮磷钾的吸收量也猛增，此期增施氮磷钾有利于促进果实的生长，提高植株连续结瓜能力。而在最后 1/3 的生育阶段里，生长量和吸收量增加更加显著。因此，西葫芦栽培中施缓效基肥和后期及时追肥对高产优质更为重要。

(三) 西葫芦施肥技术

1. 施肥原则　增有机、调盐分、稳氮、控磷、补钾、补微，配施生物肥，适当减少化肥比例，促根壮秧保花增瓜。

2. 基肥方案

(1) 5 年以内的大棚，每亩施用充分腐熟的有机肥 8～10 米³。推荐 2 米³鸡粪加 8 米³牛粪，也可提前将粉碎玉米秸秆、畜禽粪、酵素菌混合沤制。5 年以上的大棚，如果有机质含量达到 40 毫克/

千克以上,可施用充分腐熟的有机肥 4 米^3 或精制商品有机肥1 000千克/亩。

(2)提倡施用生物有机肥。施用含芽孢杆菌类、解盐菌的新型复合生物菌剂,一般亩用量 100～150 千克,可明显减轻根结线虫、根腐病、次生盐渍化等危害。生物有机肥,建议 2/3 地面撒施,耕翻混匀,1/3 施于种植带。

(3)施用配比合理的专用配方肥。3 年以内新棚,可每亩施用 15-18-12 的硫酸钾配方肥 50 千克,磷酸二铵 50 千克,4～5 年棚,磷酸二铵减为 25 千克。5 年以上多年老棚,可施 15-18-12 或 15-20-10 的高浓度硫酸钾配方肥 50 千克。

(4)适当配施中微量元素肥料。一般每亩可配施中微量元素肥料或含钙土壤调理剂 25～50 千克。与基肥混合施用,隔年施用一次。

3. 追肥方案 西葫芦结瓜期较长,需养分量大,根系吸水吸肥能力强。

(1)苗期。一般不追肥,底肥足又没有穴施菌肥的,定植时,可以随水冲施液态生物肥或黄腐酸冲施肥,或每亩用 2 千克微生物菌剂穴施,以刺激根系生长,提高缓苗成活率。定植缓苗后根据苗情随浇稳苗水追施促苗肥,每亩用尿素 7.5～10 千克,然后控水蹲苗。

(2)伸蔓期。一般每亩用三元复合肥 10～15 千克(或 20-20-20 配方高效水溶肥 5 千克)即可。随水冲入地膜下的暗沟中,灌水后封严地膜加强放风排湿。如果基肥充足,植株长势旺盛,伸蔓肥可不施。

(3)结瓜初期。根瓜生育期,植株生长量和结瓜数还不多,浇水施肥量不要太大,一般每亩用三元复合肥 10～15 千克(或高效水溶肥 7.5 千克)即可。随水冲入地膜下的暗沟中,灌水后封严地膜加强放风排湿。

(4)盛瓜期。一般采收第 2 个瓜时追肥 1 次。每亩用三元复合肥 15～20 千克即可。也可与生物水溶肥轮换或复合肥减半＋生物水溶肥。每 15 天左右追施一次。在冬季多应用一些功能性肥料，如含甲壳素、腐殖酸、海藻酸的冲施肥等，每次 3～5 千克。

（5）叶面喷肥。在后期脱肥或长势较弱时，可用磷酸二氢钾、氨基酸叶面肥、硼钙肥等和农药混合，进行叶面喷施。浓度一般控制在 0.2% 以内，连续喷施 2～3 次，间隔 10～15 天。

4. 二氧化碳气肥 在保护地内使用，可以显著提高西葫芦产量与品质。可于上午且温室不需通风的前提下，可采用碳酸氢铵与稀硫酸进行化学反应释放 CO_2 施肥，将室内 CO_2 浓度控制在 800～1 000毫克/升。也可采用煤气燃烧法和内置式秸秆生物反应堆技术提高二氧化碳浓度。

三、甜瓜施肥技术

（一）甜瓜的生物学特性和条件要求

甜瓜根系较发达，主要分布在 30 厘米内耕作层，但根系木栓化程度高，再生能力弱，损伤后不易恢复，栽培中应采取护根育苗。厚皮甜瓜的根系比薄皮甜瓜更强健，较耐旱和瘠薄。甜瓜喜温暖，极不耐寒，遇霜即死；厚皮甜瓜对光照时数、光照强度的要求比薄皮甜瓜高，薄皮甜瓜相对较耐弱光。甜瓜生长快，茎叶繁茂，需水量大，但根系不耐涝。

甜瓜对土壤条件要求不高，但以疏松肥沃、土层厚、通气良好的沙壤土为宜，以满足甜瓜根系好气性的需要。甜瓜耐盐碱性强，在 pH 7～8 之间，在土层含盐量达 12 克/千克能正常生长，但以土层含盐量 7.4 克/千克以下，生长较好；在轻度盐碱土壤上种甜瓜，可增加果实的含糖量，提高品质。甜瓜是不耐氯作物，在含氯离子较高的盐碱地上生长不良。

（二）甜瓜的营养及需肥特性

每生产 1 000 千克果实需要氮 2.5～3.5 千克，磷 1.3～1.7 千克，钾 4.6～6.8 千克。甜瓜对钙、硼等元素反应也较敏感。钙、硼不仅影响果实糖分含量，也影响果实外观。钙不足时，果实表面网文粗糙、泛白，缺硼时，瓜肉易出现褐色斑点。

甜瓜对养分的吸收以苗期最少，开花后氮、磷、钾吸收量逐渐增加。氮、钾吸收高峰在坐瓜后 16～17 天，坐瓜后 26～27 天则急剧下降。磷、钙吸收高峰在坐瓜后 26～27 天，并延续至果实成熟。甜瓜吸收矿物质养分最多的时期在开花至果实膨大末期，时间为 1 个月左右，此期是肥料的最大效率期。

（三）甜瓜施肥技术

1. 施肥原则　增有机、调盐分、稳氮、控磷、补钾、补微，配施生物肥，适当减少化肥比例，促根壮秧保花增瓜。

2. 基肥方案

（1）5 年以内的大棚，每亩施用充分腐熟的有机肥 8～10 米³。推荐 2 米³鸡粪加 8 米³牛粪，也可提前将粉碎玉米秸秆、畜禽粪、酵素菌混合沤制。5 年以上的多年大棚，如果有机质含量达到 40 毫克/千克以上，施用充分腐熟的有机肥 4 米³或精制商品有机肥 1 000 千克/亩。

（2）提倡施用生物有机肥。施用含芽孢杆菌类、解盐菌的新型复合生物菌剂，一般亩用量 100～150 千克，可明显减轻根结线虫、根腐病、次生盐渍化等危害。生物有机肥，建议 2/3 地面撒施，耕翻混匀，1/3 施于种植带。

（3）施用配比合理的专用配方肥。3 年以内新棚，每亩施用 15-18-12 的硫酸钾配方肥 50 千克，磷酸二铵 50 千克，4～5 年棚，磷酸二铵减为 25 千克。5 年以上多年老棚，可施 15-18-12 或 15-20-10 的高浓度硫酸钾配方肥 50 千克。

（4）适当配施中微量元素肥料。一般每亩可配施中微量元素肥料或含钙土壤调理剂 25～50 千克。与基肥混合施用，隔年施用一次。

3. 追肥方案　甜瓜结瓜期较长，需养分量大，应掌握轻施勤施、少量多次的原则。

（1）苗期。一般不追肥，底肥足又没有穴施菌肥的，定植时，可以随水冲施液态生物肥或黄腐酸冲施肥，或每亩用 2 千克微生物菌剂穴施,以刺激根系生长,提高缓苗成活率。然后控水蹲苗。

(2)伸蔓期。一般每亩用三元复合肥 10～15 千克(或 20-20-20 配方高效水溶肥 5 千克)即可。随水冲入地膜下的暗沟中,灌水后封严地膜加强放风排湿。如果基肥很充足,植株长势旺盛,伸蔓肥可不施。

(3)膨瓜期。结合浇膨瓜水每亩用三元复合肥 15～20 千克或 20-10-30 配方高效水溶肥 5～7.5 千克。也可用复合肥减半＋"生命源"黄腐酸冲施肥 10 千克。追肥浇水可进行 2～3 次,注意不要大水漫灌。甜瓜定个后,停止施肥,适当控水;特别是采收前 5～7 天为促进糖分转化,提高品质,促进果实成熟。在冬季多应用一些功能性肥料,如含甲壳素、腐殖酸、海藻酸的冲施肥等,每次 3～5 千克。

(4)叶面喷肥。在后期脱肥或长势较弱时,可用磷酸二氢钾、氨基酸叶面肥、硼钙肥等和农药混合,进行叶面喷施。浓度一般控制在 0.2% 以内,连续喷施 2～3 次,间隔 10～15 天。

4. 二氧化碳气肥。 在保护地内使用,可以显著提高甜瓜产量与品质。可于上午且温室不需通风的前提下,可采用碳酸氢铵与稀硫酸进行化学反应释放 CO_2 施肥,将室内 CO_2 浓度控制在 800～1 000 毫克/升。也可采用煤气燃烧法和内置式秸秆生物反应堆技术提高二氧化碳浓度。

四、西瓜施肥技术

(一)西瓜的生物学特性与条件要求

西瓜根系发达,主根可达 1 米以上,吸收肥水能力很强。分布既深且广。茎蔓生,分枝能力强,叶片肥大,表明有蜡质,干旱时可减少水分蒸发。花为雌雄异花。棚室栽培需放蜂或人工授粉。西瓜耐旱能力较强,不耐湿涝,根系不耐水浸,高温涝害时根系呼吸受阻,功能失调,严重时死亡;西瓜喜光耐热,对低温反应敏感,遇霜即死。适宜温度为 20～35℃,昼夜温差大有利于提高糖度,日照时数要求 8 小时以上。

西瓜对土壤条件要求不严格，但在质地疏松、土层深厚、地力肥沃的砂质土壤上栽培最好。适宜土壤 pH 5.5～7.5。当 pH 在 5.5 以下时，植株就发生多种生理障害，黄化枯死；pH 高于 7.5 时，易烧根死苗。西瓜对盐碱反应敏感，含盐量 0.2％以上则出现盐害，在盐碱地上不宜种植。另外地下水位不能太高。

西瓜栽培忌重茬，连续种植 3～5 年便开始出现土壤连作障碍，土壤中病害、肥害等加重。棚室西瓜栽培旋耕深度较浅，连年使用会使土壤耕作层变浅，土壤的自动调节能力下降。

（二）西瓜的营养及需肥特性

西瓜需肥较多，氮肥是西瓜优质高产的基础，充足的磷肥促进花芽分化，使其早开花，早坐瓜，早成熟。而钾能促进光合作用、蛋白质的合成、糖分的增加，提高西瓜品质。西瓜栽培时，施用油渣饼肥，对促早熟增甜度有明显效果，单一施用氮肥，西瓜品质较差。

西瓜一生需钾量最多，其次是氮，每生产 1 000 千克西瓜果实需要氮 2.5～3.2 千克，磷 0.8～1.2 千克，钾 2.9～3.6 千克，三要素的比例为 3∶1∶（3.5～4）。西瓜不同时期对养分的需求不同。幼苗期氮、磷、钾的吸收量仅占总吸收量的 0.6％，伸蔓期占总吸收量的 14.6％，结瓜期占总吸收量的 84.8％。开花坐瓜前以吸收氮为主，坐瓜后对钾的吸收剧增，瓜褪毛阶段吸收氮钾的量基本相当，到瓜膨大阶段达到吸收高峰，瓜成熟阶段氮、钾吸收量明显减少，磷的吸收量相对增加。

（三）西瓜施肥技术

1. 施肥原则　增有机、调盐分、稳氮、控磷、补钾、补微，配施生物肥，适当减少化肥比例，促根壮秧保花增瓜。

2. 基肥方案

（1）5 年以内的大棚，每亩施用充分腐熟的有机肥 8～10 米³。推荐 2 米³鸡粪加 8 米³牛粪，也可提前将粉碎玉米秸秆、畜禽粪、酵素菌混合沤制。5年以上的多年大棚，可适当减至3～4米³。土杂肥不足时，可增施腐熟的油渣饼有机肥300千克。

（2）提倡施用生物有机肥。施用含芽孢杆菌类、解盐菌的新型复合生物菌剂，一般亩用量100～150千克，可明显减轻根结线虫、根腐病、次生盐渍化等危害。生物有机肥，建议2/3地面撒施，耕翻混匀，1/3施于种植带。

（3）施用配比合理的专用配方肥。3年以内新棚，每亩施15-22-8的硫酸钾配方肥50千克，或尿素10千克、磷酸二铵15千克、硫酸钾15千克；3年以上老棚，可施15-18-12或15-20-10的高浓度硫酸钾配方肥40千克，或有机无机复混肥40～50千克。

（4）适当配施中微量元素肥料。一般每亩可配施中微量元素肥料或含钙土壤调理剂25～50千克。与基肥混合施用，隔年施用一次。

3. 追肥方案 西瓜追肥的原则是轻施苗肥，巧施伸蔓肥，重施膨瓜肥。

西瓜定植时，每亩用2千克微生物菌剂穴施，底肥足又没有穴施菌肥的，可以随水冲施生物冲施肥，以刺激根系生长，提高缓苗成活率。定植后如果苗情较弱，可随浇稳苗水追施尿素5～7.5千克。

西瓜进入伸蔓期，肥水需求量逐渐增加，此时追肥以促进蔓叶生长、扩大叶面积为目标，但要防止徒长。因此，此期只要底肥足一般不施肥，就是用肥也是用以含生物菌或黄腐酸为主的肥料冲施。

西瓜膨瓜期是需肥量最大的时期，当第一批幼瓜长至鸡蛋大小且褪去茸毛时，每亩用三元复合肥15～20千克，也可用20-10-30高效水溶肥7.5～10千克。第二次肥水可在西瓜2～3千克时冲施，用量与上次相当。

头茬瓜采收后，立即追施1次速效化肥，并浇水，每亩用三元复合肥15～20千克。

五、冬瓜施肥技术

（一）冬瓜生物学特性和条件要求

冬瓜为葫芦科一年生植物，根系粗壮发达，主根入土可达 1 米以上，侧根扩展 1.5～2.0 米，吸收能力很强。叶片肥大，茎蔓性，分枝力强，主蔓生长旺盛，可伸长 5 米以上。生育期长短因品种而异，小型冬瓜约 120 天，大型冬瓜 150～180 天。经历发芽期、幼苗期、抽蔓期、开花结果期四个时期。冬瓜喜温耐热耐湿，生育适温为 18～32℃，至 35℃以上仍能生长良好，属短日照植物，但多数品种对日照要求不严格。冬瓜喜光，在高温高湿和光照充足时，生长极其旺盛。冬瓜生长过程蒸发量大，需水量多，特别是在坐瓜后需水更多。对土壤适应性广，耐肥力强，沙壤土到黏土均可栽培，但应尽量避免在前茬为瓜类作物的地块上种植，以减轻病虫危害。冬瓜对干旱有一定忍耐力，但不耐涝，应及时排除田间积水。

（二）冬瓜营养及需肥特性

冬瓜植株体发达，产量高，需肥量较大，特别是磷的需求比一般蔬菜多。冬瓜的生长期较长，不同生育期需肥量很不平衡，幼苗期营养体小，需肥量少，从抽蔓期开始逐步增加，主要是氮素需求增加，而开花结果期特别是果实发育前期和中期是营养生长与生殖生长并行的时期，是需肥高峰，需肥量最大，后期又减少。据研究，每生产 5 000 千克冬瓜，全生育期吸收氮 15～18 千克，磷 12～13 千克，钾 12～15 千克。根据瓜农的经验，施用肥效长的有机肥料，有利于冬瓜的壮健生长，增产效果较好，并且可提高果实的品质和耐贮性。偏施氮肥，则茎叶易于徒长，不利雌花形成，影响坐果，且容易引起多种病害。氮肥施用过多过晚，会造成冬瓜肉质疏松，品质低劣。适量磷钾的供应，则可延缓衰老，增强抗性，提高产量和品质。

（三）冬瓜施肥技术

冬瓜生育期较长，需肥量大，需肥高峰期也长。在施肥上应坚持"有机无机配合、基肥追肥结合、重施磷钾肥、看苗调控氮肥"的原则。

1. 基肥 施足基肥，全面协调的供应各种养分是保障壮苗高产的关键。一般基施充分腐熟优质农家肥每亩 3 000 千克以上，新建菜地增加到 5 000 千克以上，以便迅速培肥地力，没有条件施用农家肥的，施用商品有机肥 100～150 千克。同时配施 15-15-15 复混肥 50～60 千克。也可用磷酸二铵 20 千克（或过磷酸钙 40～50 千克），硫酸钾 20 千克，尿素 15 千克取代。

基肥一般在耕地前均匀撒施，及时耕翻 20～30 厘米，整平耙细。也可在做畦时沟施，施肥深度 10 厘米左右。

2. 追肥 冬瓜在抽蔓之前生长量很少，一般不需要追肥，结瓜之前，水肥管理以控为主，防止植株营养过剩。基肥不足的，可在植株 6～7 叶时每亩追施尿素 8～10 千克、磷酸二铵 10 千克，并随即浇水，保持土壤表面见干见湿。开花坐果期是肥水需要量较大的时期，需要充足的肥料和水分供应。一般需要追肥 2～3 次。第一次在初瓜坐住后 15～20 天进行，一般追尿素和三元复合肥各 15～20 千克，以后每隔 15～20 天追肥一次，每次追施尿素 5 千克和三元复合肥 15 千克。在采收前 15 天左右不再追肥。如临时出现脱肥或缺素症状，可及时喷施 0.2%～0.5%的磷酸二氢钾、尿素、复合微肥的混合液。

追肥以穴施为宜，施于种植穴 10～15 厘米附近，深度 10～15 厘米。穴施不便时，也可结合灌水冲施，但要选择水溶性肥料，少量多次投肥，保证施肥均匀。

第二节　茄果类蔬菜施肥技术

一、番茄施肥技术

（一）番茄的生物学特点和条件要求

番茄，别名西红柿、洋柿子，属于茄果类蔬菜，果实营养丰富。为深根性作物，根系比较发达，分布较广而深，一般分布在30～50 厘米表土层中，以 30 厘米耕层最多；水平分布在 60～80厘米范围内。番茄根的再生能力较强，容易生发新根，最适于育苗移栽。番茄根易生不定根，扩大根系吸收面积，有助于增强其吸水和吸收养分的能力。番茄的根系不仅与土壤质地、肥力和耕作状况有关，而且与地上部茎叶及果实生长有一定关系，同时还受移植、整枝、摘心等栽培措施的影响。

番茄喜温不耐热，喜光耐肥。生育期对温度要求是 16～32℃，最适温度为 20～25℃，低于 10℃时，植株停止生长，根系生长的适宜温度为 20～22℃，土壤相对湿度为 65%～85%。

番茄根系吸收能力强，对土壤条件要求不很严格，除特别黏重排水不良的低洼易涝地外，均可栽培。但要想获得高产，应选用土层深厚、富含有机质、保水保肥和透气性良好的壤土或黏壤土，沙壤土增施优质有机肥也可栽培。番茄适合在 pH 6～7 的微酸性和中性土壤中生长。土壤含碱、盐过多均不利于番茄根系的生长发育。

（二）番茄的营养和需肥特点

番茄产量高，需肥量大，耐肥能力强，番茄生长发育不仅需要氮、磷、钾大量元素，还需要钙、镁等中微量元素，番茄对钾、钙、镁的需要量较大。一般认为每 1 000 千克番茄需氮（N）2.1～3.4 千克，磷（P_2O_5）0.64～1.0 千克，钾（K_2O）3.7～5.3 千克，钙（CaO）2.5～4.2 千克，镁（MgO）0.43～0.90 千克。

番茄在不同生育时期对养分的吸收量不同，其吸收量随着植株的生长发育而增加，在幼苗期以氮素营养为主，在第一穗果开始结果时，对氮、磷、钾的吸收量迅速增加，氮在三要素中占 50%，钾占 32%，到结果盛期和开始收获期，氮只占 36%，而钾占50%。氮素可促进番茄茎叶生长，叶色增绿，有利于蛋白质的合成。磷能够促进幼苗根系生长发育，花芽分化，提早开花结果，改善品质，番茄对磷的吸收不多，但对磷敏感，苗期缺磷则叶片僵硬，叶色发紫，果实发育迟缓。钾可增强番茄的抗性，促进果实发育，提高品质。番茄缺钙果实易发生脐腐病、心腐病及空洞果。缺硼则茎秆易开裂，果实木栓化。

（三）番茄施肥技术

番茄生长量大、产量高，需肥量较大，并且番茄采收期较长，各时期都应保证充足的营养才能满足其茎叶生长和陆续开花结果的需要。但各个生育时期对肥量需求又有一定差异，前期侧重氮肥，后期侧重钾肥，磷肥的需求贯穿生育期始终。后期有脱肥症状时，应及时进行叶面喷肥。

番茄全生育期施肥量，应根据棚龄长短、土壤养分状况、目标产量、肥料利用率等推算。一般氮按照吸收量的 2.5～3.5 倍、磷 5～6 倍、钾 2～3 倍进行推荐。保护地栽培亩产 10 000 千克产量的推荐施肥方案如下：

1. 基肥方案

（1）增施有机肥。新建或棚龄 5 年以下的大棚，每亩施用充分腐熟的有机肥 8～10 米^3，以快速培肥土壤；5 年以上的大棚，每亩施用腐熟的有机肥 3～5 米^3 或商品有机肥 500～1 000 千克。避免施用生鲜鸡粪以及未充分腐熟的有机肥，否则容易烧根伤苗造成肥害。

（2）提倡施用生物肥。对于土壤板结退化、有连作障碍的大棚，建议每亩施用微生物菌剂 2～3 千克或生物有机肥 100～150 千克。

（3）配方施用化肥。新建或 5 年以下的大棚，亩施 15-15-15 的硫钾型配方肥 50 千克，磷酸二铵 30～50 千克；5 年以上老棚，可施 15-15-15 或 15-20-10 的硫钾型配方肥 50 千克，或 13-7-10 有机无机复混肥 60～80 千克。

（4）增施中微量元素肥料。根据当地土壤测试结果，缺什么补什么。通常缺乏的中微量元素有钙、锌、硼。相应的亩施用量分别为：石膏或硅钙型土壤调理剂 50～60 千克、硫酸锌 1.5～2 千克、硼肥 0.5 千克。

基肥施用在耕地前将有机肥、生物有机肥、中微肥、土壤调理剂和 2/3 的化肥均匀撒于地面，耕翻入土。另 1/3 化肥和微生物菌剂于移栽前施入种植带，深度 10～15 厘米。

2. 追肥方案 番茄结果期长，需养分量大，本着少量多次的原则，一般 10～15 天追肥一次，整个生育期追肥 6～8 次，总追肥量为 100～150 千克。

第一穗果膨大期追肥。第一穗果开始膨大时，根系吸收养分能力旺盛，此时追肥可以提供果实迅速膨大所需要的养分，是番茄一生中重要的追肥期。一般亩施尿素 8～10 千克，硫酸钾 5～8 千克；也可顺水冲施配方为 16-6-28 的大量元素水溶肥料 10 千克或 13-4-18 含 3％腐殖酸的腐殖酸水溶肥料 15 千克。

第二穗果膨大期追肥。进入果实旺长期后，需肥量较多，如果供肥不足，会造成植株早衰，果实发育不饱满，果肉薄，品质差，追肥可以达到壮秧、防早衰、促进果实膨大和提高果实品质的目的。一般亩施尿素 10～15 千克、硫酸钾 6～8 千克。也可顺水冲施配方为 16-6-28 的大量元素水溶肥料 15 千克或 13-4-18 含 3％腐殖酸的腐殖酸水溶肥料 20 千克。

第三穗果膨大期追肥。一般可亩施尿素 8～10 千克、硫酸钾 5～6 千克。也可顺水冲施配方为 16-6-28 的大量元素水溶肥料 10 千克或 13-4-18 含 3％腐殖酸的腐殖酸水溶肥料 15 千克。

第四穗果以后追肥。一般可亩施尿素 8 千克，硫酸钾 5 千克。也可顺水冲施配方为 16-6-28 的大量元素水溶肥料 10 千克。

3. 根外追肥 第一穗果至第三穗果膨大期，叶面喷施 0.3％～0.5％的尿素和磷酸二氢钾混合溶液。缺钙时可叶面喷施 0.5％的硝酸钙水溶液。土壤微量元素供应不足时，可以叶面喷施微量元素水溶肥料 2～3 次。

二、茄子施肥技术

（一）茄子的生物学特点和条件要求

茄子是茄科茄属，是以果为产品的一年生草本植物。茄子适应性强，适栽范围广。茄子的直根发达，成株主根可达 1.5～2.0 米，侧根和不定根少，根系分布在 20 厘米深的土层中，吸收养分和水分的能力很强。茎木质化程度较高，直立粗壮，分支多而规则，叶片肥大，叶面粗糙。茄子的果实为浆果，按照生长的先后顺序分门茄、对茄、四门斗、八面风和满天星。

茄子喜温、耐热、怕霜冻，适宜的生长发育温度为 20～30℃，在 35℃以上的高温或 17℃以下的低温时，易导致落花或结畸形果、小果，5℃以下会发生冷害。茄子为短日照植物，日照时数较少时有利于开花结果。茄子喜肥不耐旱，种植时应选择土层深厚，有机质含量高，保水、保肥力强，排水良好的沙壤土，适宜的土壤 pH 为 5.8～8.3。茄子不宜连作，连作易发病害。

（二）茄子的营养和需肥特点

茄子是喜肥需肥量大的蔬菜，在肥料三要素中需钾最多，氮次之，磷较少。每生产 1 000 千克茄子需施氮（N）3 千克、磷（P_2O_5）1 千克、钾（K_2O）5 千克。茄子对氮、磷、钾的吸收量，随着生育期的延长而增加。生育初期的肥料主要是促进植株的营养生长，随着生育期的进展，养分向花和果实的输送量增加，在盛花期，氮和钾的吸收量显著增加，这个时期如果氮素不足，花发育不良，短柱花增多，产量降低。

茄子以采收嫩果为食，氮对产量的影响特别明显。氮不足，植株矮小，发育不良。定植到采收结束均需供应氮肥，特别是在生育盛期需要量最大。磷对花芽分化发育有很大影响，如磷不足，则花芽发育迟缓或不发育，或形成不能结实的花。苗期施磷多，可促进发根和定植后的成活，有利植株生长和提高产量。进入果实膨大期和生育盛期，三要素吸收量增多，但对磷的需要量相对较少。施磷过多易使果皮硬化，影响品质。在茄子生育中期以后，吸钾量明显增多，缺钾会延迟花的形成。

（三）茄子施肥技术

保护地茄子总的施肥原则是：增施高碳有机肥，配施生物肥，稳氮、控磷、增钾、补中微，基肥追肥统筹调配，测土配方施肥。

由于生长期长，分次采收上市，故应基追结合，以追为主，多次施肥。按照亩产茄子 4 000～5 000 千克，需纯氮 12～16 千克，五氧化二磷 4～5 千克，氧化钾 20～25 千克。实际施肥量应根据棚龄长短、土壤养分状况、目标产量、肥料利用率等推算。一般氮按照吸收量的 2.5～3.5 倍、磷 5～6 倍、钾 2～3 倍进行推荐。同时结合栽培品种、管理措施等因素确定具体施肥方案。以亩产 5 000 千克产量为例，推荐如下施肥方案。

1. 基肥方案

（1）增施有机肥。亩施有机肥 5 米^{3}左右，最好施用纤维素多（即碳氮比高）的有机肥，以增强土壤的缓冲能力，防止盐类积聚，延缓土壤盐渍化过程。

（2）提倡施用生物肥。对于土壤板结退化、有连作障碍的大棚，建议每亩施用微生物菌剂 2～3 千克或生物有机肥 100～150 千克。同时在蔬菜收获后，进行深翻，把富含盐类的表土翻到下层，把相对含盐较少的下层土壤翻到上面，以减轻盐害。

（3）配方施用化肥。亩施 15-10-20 的硫基复合肥 50 千克，或10-5-15 有机无机复混肥 70～80 千克。

（4）增施中微量元素肥料。根据当地土壤测试结果，缺什么补什么。通常缺乏的中微量元素有钙、锌、硼。相应的亩施用量分别为：石膏或硅钙型土壤调理剂 50～60 千克、硫酸锌 1.5～2 千克，硼肥 0.5 千克。

基肥深施，最好在耕地前将有机肥、生物有机肥（或菌剂）、中微肥和 2/3 的化肥均匀撒于地面，耕翻入土 25～30 厘米。另 1/3化肥于定植前施入种植带，深度 10～15 厘米。

2. 追肥方案　当门茄达到瞪眼期，果实开始迅速生长，此时进行第一次追肥，亩施尿素 10～12 千克、硫酸钾 12～14 千克；当对茄果实膨大，四母斗开始发育时，是茄子需肥的高峰，进行第 2次追肥，亩施尿素 15 千克、硫酸钾 15 千克；第 3 次追肥在第 2 次追肥后 10～15 天进行，施肥量同第 1 次。也可追施 20-5-25 或近似配方的大量元素水溶肥 20 千克。

3. 根外追肥 在茄子生长发育后期，可叶面喷施 0.3%～0.5%的尿素和或磷酸二氢钾溶液，防止脱肥。土壤微量元素供应不足时，可以叶面喷施含钙、硼、锌的复合中微量元素水溶肥料2～3 次。

三、辣椒施肥技术

(一) 辣椒的生物学特点和条件要求

辣椒为茄果类蔬菜，维生素 C 含量比其他茄果类蔬菜高 4～7倍，营养价值较高。主根不很发达，根量少，入土浅，根群一般分布在 25～30 厘米的表土层中，在育苗移栽条件下，由于主根被切断，主要根群仅分布在 10～15 厘米的土层内。根系的再生能力弱，茎基部不易生发不定根。茎木质化程度高，较坚韧，可直立生长，在栽培中不需支架。果为浆果，果实形状依品种不同，有灯笼形、四方形、粗长牛角形、羊角形、圆锥形等。

辣椒喜温，开花结果期的适宜温度为 20～25℃，生长的适宜温度为 25～30℃。较耐弱光，强光易造成果实日烧病。根系好氧性强，根系发育需要良好的氧气供应，在地势高，排水良好，土层深厚，富含有机质的壤土或沙壤土为宜。土壤酸碱度要求中性或微酸性。

(二) 辣椒的营养和需肥特点

辣椒产量很高，需肥量大。在氮磷钾三大元素中对钾的需要量最大。同等产量水平，甜椒的需要量大于辣椒。每生产 1 000 千克甜椒需吸收氮 5.2 千克，五氧化二磷 1.1 千克，氧化钾 6.5 千克。而每生产 1 000 千克辣椒需吸收氮 4.0 千克，五氧化二磷 0.8 千克，氧化钾 5.5 千克。辣椒从幼苗到开花，对氮、磷、钾的吸收量占总量的 16%，从初花期到盛花结果期，约吸收 34%，盛花期到采收期，植株的营养生长减弱，对磷钾的需要量最多，约为吸收总量的 50%。

(三) 辣椒施肥技术

保护地辣椒总的施肥原则是：增施有机肥，配施生物肥，稳氮

磷、增钾、补中微，基肥追肥统筹调配，测土配方施肥。亩产
3 000～4 000 千克，需纯氮 15.6～20.8 千克，五氧化二磷 3.3～
4.4 千克，氧化钾 19.5～26 千克。实际施肥量一般氮按照吸收量
的 2.0～3.0 倍、磷 3～4 倍、钾 1.5～2.5 倍进行推荐。针对甜椒
亩产 3 500 千克目标产量，推荐如下施肥方案，同等产量辣椒的
基、追化肥用量可在此基础上减少 10%～20%。

1. 基肥　亩施优质有机肥 5～8 米^3（最好猪粪、羊粪、鸡粪
各占 1/3，新棚按高限施入），豆粕 150～200 千克，磷酸二铵 30
千克（或普通磷肥 60 千克），硫酸钾 20 千克，尿素 10 千克。先把
磷肥、硫酸钾、尿素和 2/3 的有机肥混合撒于地表，经过浅耕使肥
料和土壤混匀，其余 1/3 有机肥和豆粕集中施在起垄地段，然后起
垄定植。5 年以上的老棚，最好配施 150 千克的生物有机肥或 2 千
克的微生物菌剂，与有机肥混合后施用。

2. 追肥　甜椒是陆续开花结果，收获期较长，追肥是取得高
产的关键。在门椒坐果后采收前，不仅植株营养生长旺盛，而且第
二、三层果实也在膨大，上面又陆续开花坐果，这时是追肥的关键
时期。当门椒膨大时，结合浇水开始第一次追肥，每次每亩追尿素
10～15 千克，二铵 6～8 千克，硫酸钾 10 千克，也可顺水冲施 18-
10-22 大量元素水溶肥 25 千克或 10-6-14 的腐殖酸水溶肥 40 千克。
此后每隔 10～15 天追肥一次，全生育期共追肥 3～5 次。

3. 根外追肥　在甜椒浆果膨大期，叶面喷施 0.2%～0.3% 的
含腐殖酸或氨基酸水溶溶液 2～3 次；土壤中微量元素供应不足时，
可以叶面喷施微量元素水溶肥料 2～3 次。

第三节　叶菜类蔬菜施肥技术

一、大白菜施肥技术

（一）大白菜生物学特点和条件要求

大白菜属于十字花科，二年生草本植物。根为浅根系，主根

粗大，侧根发达，再生力强，适于育苗移栽。茎在营养生长期为短缩茎，遇高温或过分密植时也会伸长。叶生于短缩茎上，叶片薄而大多数有毛，分为外叶和内叶，椭圆或长圆形，浓绿或淡绿色，心叶白，绿白或淡黄色。叶柄宽扁肥厚，两侧有明显的叶翼。叶球扁圆形到长筒形。叶或叶球为主要食用部分，又是同化器官。

大白菜是半耐寒性植物，其生长要求温和冷凉的气候。发芽期适宜温度为 20～25℃；幼苗期对温度变化有较强的适应性，适宜温度为 20～25℃；莲座期要求较严格的温度，适宜范围为 17～22℃。温度过高，莲座叶生长过快但不健壮，温度过低，则生长缓慢；结球期对温度的要求最严格，适宜温度为 12～22℃，昼夜温差以 8～12℃为宜，气温持续在 23～25℃以上，生长缓慢，包心松散。大白菜叶球形成后，在较低温度下保持休眠，一般以 0～2℃为最适。在-2℃以下，易生冻害，高于 5℃，呼吸作用旺盛，消耗养分过多。

大白菜需要中等以上强度的光照，光照不足，则会造成叶片变黄，叶肉薄，叶片趋于直立生长，大幅度减产。大白菜叶面积大，蒸腾耗水多，生育期应供应充足的水分。幼苗期根系浅，保持土壤湿润；莲座期生长较快，需水较多，应保持地面见干见湿，浇水过多易引起徒长，影响包心；结球期应大量浇水，保证球叶迅速生长，但结球后期应少浇水，以免叶球开裂和便于贮藏。

大白菜对土壤的选择不很严格，除过于疏松的沙质土或过于低湿的田块外，一般都能栽培。最适宜的土壤是土层深厚，富含有机质，蓄水好，排水好的肥沃壤土、粉沙壤土或轻黏壤土。土壤酸碱度最好是中性或弱碱性。

（二）大白菜的营养和需肥特点

大白菜产量高，对养分需求较多。每生产 1 000 千克鲜大白菜，大约吸收氮（N）1.861 千克，磷（P_2O_5）0.362 千克，钾（K_2O）2.83 千克，钙 1.61 千克，镁 0.214 千克。对氮、磷、钾的吸收比例大致为 1：0.2：1.56，在整个生长期中吸收的钾最多，其次是氮，最少是磷。大白菜是一种喜钙作物，缺钙易引起干烧心病，严重影响大白菜品质。在微量元素中需铁最多。大白菜对氮磷钾的吸收动态呈 S 形曲线，发芽期至莲座期的吸收量约占总吸收量的 10%，而结球期约吸收 90%。生长前期需氮较多，后期则需钾、磷相对较多。大白菜对硫敏感，而耐氯能力较差，在复混肥料品种上优先选择硫基产品。

通过近几年多试验，中、黏壤土大白菜整个生育期一般施氮 16～22.5 千克，五氧化二磷 5～8 千克，氧化钾 12～15 千克，亩产量在 8 500～11 000 千克。轻壤土大白菜整个生育期一般施氮 14.8～23.1 千克，五氧化二磷 6.3～7.7 千克，氧化钾 11～13.7 千克，亩产量在 6 200～9 000 千克。

（三）大白菜施肥技术。

大白菜施肥一般采用一次基肥，两次追肥。基肥应以有机肥为主，并配合施用适量化肥，追肥一般只追化肥。

1. 基肥　将生育期总施氮量的 20%，磷肥的全部，生育期总施钾量的 30% 作为基肥施用。一般地块每亩基施腐熟有机肥 2 米^{3}以上，配合施用尿素 5 千克，磷酸二铵 10～15 千克，硫酸钾 7～9 千克（或使用 15-15-15≥45% 复合肥料 35～45 千克）作为基肥。连续多年种植蔬菜的地块，建议配施中微量元素或含钙土壤调理剂 30～50 千克。

2. 追肥。第一次追肥在莲座期即 2～3 片圆盘状叶形成时进行，养分用量为生育期总施氮量的 30%，生育期总施钾量的 30%。一般亩施尿素 10～15 千克，硫酸钾 7～9 千克。也可以高氮高钾低磷复合肥 25～30 千克代替。追肥方式以沟施、穴施为好。

第二次追肥在包心期进行，追施养分用量为生育期总施氮量的 50%，生育期总施钾量的 40%。一般亩施尿素 17～25 千克，硫酸钾 10～12 千克。也可以 27-0-15 高氮中钾二元复肥 34～42 千克代替。追肥方式以沟施、穴施为好，不便操作时也可结合浇水，在莲座初期、包心初期、包心中期分 3～4 次冲施。

二、结球甘蓝施肥技术

(一)结球甘蓝的生物学特点和条件要求

结球甘蓝俗称卷心菜、包心菜,属于十字花科,为浅根系,主根不发达,须根系发达,根系主要分布在0~30厘米的土层。结球甘蓝茎短缩,叶片肥大,后期叶片内卷,包心成球。食用部分为叶球。生长发育过程经历幼苗期、莲座期、结球期等阶段。早熟品种植株矮小,叶片少而小,定植后50~60天收获。中、晚熟品种植株生长势强,叶片多而大,定植到收获需80~100天。

结球甘蓝喜温喜光喜湿,较耐寒。也有适应高温的能力。生长适温15~20℃。肉质茎膨大期如遇30℃以上高温肉质易纤维化。对土壤的适应性较强,从砂土到黏壤土均能生长,但仍宜选择土质肥沃、疏松、保水保肥的土壤上种植。适宜的土壤pH范围为6~7,对微碱性土壤也有一定适应能力。耐盐碱性很强,在含盐量为0.75%~1.2%的条件下,能正常结球。

(二)结球甘蓝的营养和需肥特点

结球甘蓝喜肥并耐肥,是一种产量高、养分消耗量大的蔬菜。据分析,每生产1 000千克甘蓝,需吸收纯氮(N)4.1~6.5千克,磷(P_2O_5)0.72~1.09千克,钾(K_2O)4.1~5.7千克。在整个生长发育时期吸收氮、磷、钾的大致比例为4:1:4。

结球甘蓝在前期需要较多的氮,莲座期对氮的吸收达到高峰,而叶球形成期是磷钾的吸收高峰。研究表明,结球甘蓝从播种到开始结球,生长量逐渐增加,氮、磷、钾的吸收量也逐渐增加,这一时期吸收的氮磷占总吸收量的15%~20%,同期钾的吸收量较少,为6%~10%。进入结球期,养分的吸收量迅速增加,此期氮、磷的吸收量占总吸收量的80%~85%,而钾的吸收量占总吸收量的90%左右。这个时期外叶有20%的养分向叶球转移。

结球甘蓝对钙、硼反应敏感。钙在结球甘蓝体内移动非常困难,当土壤中缺钙,或者由于其他环境条件造成生理性缺钙时,生长点褐腐死亡，幼叶"干边"，后期彩球内心上部叶片皱缩变枯。缺硼时，心叶生长缓慢甚至停止，幼叶叶柄外侧发生横向裂变，叶片变细长并且向内侧卷曲，叶球松散有空隙。

（三）结球甘蓝施肥技术

结球甘蓝施肥应注意有机肥与化肥配合、基肥追肥结合。化肥施用要测土配方、平衡施用。新开菜地和曾经发生过"干烧心"等症状的地块，要注意在莲座期至结球后期适当地补充钙、硼等中微量元素。

结球甘蓝应施用粗有机肥 2 000 千克以上或商品有机肥 200 千克以上。不同产量水平化肥用量如下：亩产 4 500～5 500 千克，施氮肥（N）13～15 千克，磷肥（P_2O_5）4～6 千克，钾肥（K_2O）8～10 千克；亩产 5 500～6 500 千克，施氮肥（N）15～18 千克，磷肥（P_2O_5）6～10 千克，钾肥（K_2O）12～14 千克；亩产大于 6 500 千克，施氮肥（N）18～20 千克，磷肥（P_2O_5）10～12 千克，钾肥（K_2O）14～16 千克。对于缺硼地块，可基施硼砂 0.5～1 千克。新开菜地在此基础上增加 10%，保护地栽培化肥减量10%～20%。

一般氮钾肥 30%～40%基施，60%～70%在莲座期和结球初期追施，有机肥、磷肥全部作基肥条施或穴施。

1. 基肥　基施粗有机肥 2 000 千克以上或商品有机肥 200 千克以上，尿素 4～5 千克，磷酸二铵 13～15 千克，硫酸钾 5～7 千克，在整地起垄前施入。

2. 追肥　分莲座期和结球初期两次进行，可串施或随水冲施。莲座期可施尿素 7～8 千克，硫酸钾 5 千克。结球初期及以后是需肥量最大的时期，此期施肥对增加产量和提高品质效果明显。可施尿素 10～12 千克，硫酸钾 8～10 千克。

3. 根外追肥　后期出现缺肥症状时，可结球初期叶面喷施0.2%磷酸二氢钾和尿素混合溶液；缺硼的地块，可在生长中期喷施 0.1%～0.2%硼砂溶液。缺钙可喷施 0.3%～0.5%氯化钙或硝酸钙溶液 2～3 次。

三、油菜施肥技术

(一)油菜的生物学特点和条件要求

油菜,别名油白菜,叶用菜类,属十字花科,浅根系作物,须根发达,分布在耕作层。油菜营养生长期分为发芽、幼苗和莲座三个时期。油菜播种后 2~4 天出苗,出苗后 15 天左右,叶原基分化的叶数逐渐增加,根群也在不断增多,叶面积较小;15~30 天时,叶数迅速增加,根量也明显增加,30 天左右,长出 12~13 片叶,分化后的新叶迅速生长,叶重增加快;油菜生长到 55 天左右,地上部和地下部处于平衡生长状态,内叶充实,叶柄肥厚,生长处于旺盛时期。

油菜对土壤的适应性比较强,但是喜欢疏松肥沃、有机质含量高、保水保肥能力强的土壤。油菜叶面积比较大,蒸腾作用强,但根系浅,吸水能力弱。在发芽时,要保持土壤湿润,保证种子发芽及幼苗对水分的需求。生长旺盛时期,叶面积较大,蒸腾量也大,需水量也大,要保持一定的土壤湿度。

(二)油菜的营养和需肥特点

在油菜种植中要注重增施有机肥,改良土壤肥力条件,以利于根系吸收养分。定植缓苗后追施少量氮肥,进入旺盛生长期,要追施适量的氮、钾肥,磷肥用作基肥。

油菜对养分的需求与植株的生长同步增加。生长初期,植株生长量小,对养分的吸收量也少;植株进入旺盛生长期,对养分的吸收量也增加,在这个时期,尤其是氮肥关系到油菜的产量和品质。如果氮肥不足,则叶片变小,叶色变黄,食用率降低。油菜对氮、磷、钾的吸收量是氮大于钾、钾大于磷。据研究,每生产 1 000 千克油菜,需要吸收氮 2.76 千克、磷 0.33 千克、钾 2.06 千克。

(三)油菜施肥技术

1. 基肥 油菜生长期短,在种植前必须施足基肥,每亩施腐熟农家肥 3 000~4 000 千克,磷酸二铵 20~25 千克。基肥不可施得过深。有机肥和磷肥在耕翻地时施入，然后耙平做畦。

2. 追肥 油菜生长期较短，它的一生中追肥 1～2 次即可。一般在定植后 7～10 天或直播后苗龄 15 天，追施缓苗肥，每亩追施尿素 5～10 千克。进入油菜旺盛生长期，进行第二次追肥，每亩追施尿素 10～15 千克、氯化钾 10 千克或复合肥（15-0-15）30～40 千克。若土壤缺硼，则应及时喷施 0.2%～0.3%的硼砂溶液，防止油菜发生缺硼症状。

四、芹菜施肥技术

（一）芹菜的生物学特点和条件要求

芹菜为伞形科植物，食用部分为发达的叶柄和叶片，属绿叶类速生蔬菜，其营养丰富，富含蛋白质、碳水化合物、矿物质及多种维生素等营养物质，还含有芹菜油，具有降血压、镇静、健胃、利尿等疗效，是一种常见的保健蔬菜。

芹菜为浅根性植物，根系主要分布在 15～20 厘米土层，茎短缩，叶片簇生与短缩茎上，叶柄较发达。芹菜喜冷凉，怕炎热，适宜温度为 15～20℃。生育期较长，一般从播种到定植需 50～60 天，定植到收获需要 60～100 天。

芹菜分为本芹（中国类型）和洋芹（西芹类型）两大类。营养价值和生物学特性相似。西芹的养分吸收能力较弱，耐旱性差，对土壤养分和水肥要求较高。适宜在富含有机质，保水、保肥能力强的壤土或黏壤土中生长。砂性土易缺水缺肥，引发叶柄空心。根系较耐酸、不耐碱，在 pH 4.8 时仍可生长，适宜的 pH 范围为 6.0～7.6。

（二）芹菜的营养和需肥特点

根据近几年测土施肥田间试验研究结果，每生产 1 000 千克西芹需氮（N）1.83～3.56 千克、磷（P_2O_5）0.68～1.65 千克、钾（K_2O）3.88～5.87 千克、钙（CaO）1.5 千克、镁（MgO）0.8 千克，吸肥比例为 1∶0.43∶1.8∶0.56∶0.3。考虑到土壤供肥能力和肥料利用率等因素，实际的施肥量相当于吸收量的 2～3 倍，因为西芹吸肥能力差而耐肥能力强，在土壤养分浓度较高的条件下，容易获得较高产量。

在西芹生长发育过程中，对养分的吸收量与生长量的增加是一致的。养分累积吸收量均呈 S 形曲线，即随着生长量的由慢转快，养分吸收量由小到大。需肥量的高峰是旺长期，即定苗后的一个月左右，对氮、磷、钾、钙、镁的吸收量占总吸收量的 84％以上，其中钙和钾高达 98.1％和 90.7％。

西芹收获物为营养体，氮素供应对芹菜产量起决定作用。全生长期以氮为主，缺氮则植株叶数分化少，易老化，叶柄易空心。磷肥能使幼苗生长健壮并增加叶柄长度；钾肥可使叶柄脆嫩有光泽；西芹对硼和钙反应敏感，土壤缺硼或由于温度过高，土壤干燥阻碍对硼的吸收而造成植株缺硼时，会引起植株腐烂、叶柄开裂、长刺、空心等现象。缺钙时，易发生心腐病。

（三）芹菜施肥技术

对于中等肥力、产量水平 4 000～5 000 千克的地块，建议施用腐熟有机肥 3 000 千克或商品有机肥 150～200 千克，全生育期施用纯氮 13～17 千克，五氧化二磷 5～7 千克，氧化钾 6～10 千克，根据土壤测试结果，有针对性补充钙、硼、锌等中微量元素肥料，具体要根据测土配方、平衡施肥原则适当调整确定。

1. 基肥 指苗床施肥或定植前施肥，基肥对西芹高产非常重要，应施用充足。一般每亩施腐熟有机肥 3 000 千克、尿素 10 千克、二铵 10～12 千克，或过磷酸钙 25 千克、钾肥 10 千克或复合肥（15-15-15）50 千克。在缺硼的地块应亩施 1.5 千克硼砂，缺锌地块亩施 1.0 千克硫酸锌肥。撒施均匀后及时耕翻耙平。

2. 追肥 追肥一般分 3 次进行。第一次追肥在西芹定苗或定植后缓苗后（即株高长至 20 厘米左右，播种后约 50 天时）进行，沟施或洒施 15～20 千克二铵和尿素或复合肥（15-15-15）20～25 千克等水溶性肥料，施后浇水；第二次追肥在第一次追肥隔 10 天左右进行，随水冲施 15～20 千克二铵和复合肥（15-15-15），出现叶片色淡发黄、长势较弱等缺氮症状时掺 5 千克尿素；第三次追肥在第二次追肥后隔 10～15 天进行，肥料用量与第二次相同。在西芹定棵后，要每隔 5 天左右浇一次水，整个生长期内需浇水 20 多次。

3. 叶面施肥　在西芹生长后期，尤其是后期出现叶色变淡、叶缘干枯等脱肥症状时，应喷施叶面追肥进行 2～3 次。一般可喷施 0.3%～0.5% 尿素或磷酸二铵溶液或 0.1%～0.2% 氨基酸水溶性肥料。若土壤中钙、硼不足，可喷施 0.2% 的硝酸钙和硼酸混合溶液 1～2 次。喷肥时间宜选择在早 9 时之前或晴天的傍晚，喷肥时遇降雨要重喷。

五、菠菜施肥技术

（一）菠菜生物学特点和条件要求

菠菜为藜科菠菜属，一年生或二年生草本。一年四季均可种植。根据生产季节，分为春菠菜、夏菠菜、秋菠菜、越冬菠菜等。每个季节都有相应的栽培品种。其主根发达，侧根不发达，不适合移栽。主要根群分布在 0～30 厘米耕层内。其茎短缩，叶戟形或卵形，色浓绿。鲜嫩的茎、叶、叶柄及红色的根均可食用。

菠菜属耐寒性蔬菜，喜冷凉气候，为长日照作物，适应性很强，对土壤条件的要求不严格，以种植在保水保肥能力较强的肥沃壤质土壤上为好。菠菜耐酸碱的能力比较弱，适宜的土壤 pH 为 6～7。当 pH 在 5.5 以下时，幼苗生长就缓慢，叶色发黄，无光泽，根系差。

（二）菠菜营养和需肥特点

菠菜生长期较短，生长速度快，产量高，需肥量大，而且对土壤养分供应强度要求高。据研究，生产 1 000 千克菠菜需吸收纯氮（N）2.8 千克、五氧化二磷（P_2O_5）1.2 千克、氧化钾（K_2O）4.2 千克。菠菜在幼苗期以前，生长量较小，一般不需要追肥。在进入幼苗期以后，叶片伸展，数量增加，营养体迅速增长，对肥水要求最大。如肥水不足，严重影响产量。

菠菜高产要依靠营养体生长，需要较多的氮肥和钾肥，就氮的形态来说，菠菜是典型喜硝态氮的蔬菜。在等氮量供应条件下，硝态氮和铵态氮的比例在 2∶1 以上时，产量较高。单施铵态氮抑制 K、Ca 的吸收，带来铵害，影响生长。而单施硝态氮肥，虽然植株生长量大，但在还原的过程中消耗的能量较多，如果光照不足，硝态氮的吸收受抑制，造成氮素供给不足。缺氮会抑制叶片的分化，减少叶片的数量，植株短小。基肥和追肥均要求施用速效性肥料。

（三）菠菜施肥技术

1. 基肥　春菠菜播种早，可于春节前整地施肥，亩施腐熟有机肥 4 000～5 000 千克，45% 通用型复合肥 40～50 千克。深翻 20～25 厘米，耙平做畦，当早春土壤化冻 7～10 厘米深时即可播种。

夏菠菜以选择中性黏质土壤为宜，可用土杂肥和化肥混合物撒施做底肥。亩施土杂肥 3 000～4 000 千克，过磷酸钙 30～35 千克，尿素 10～15 千克，硫酸钾 10～15 千克；或高氮高钾复合肥 40～50 千克，深翻地 20～25 厘米，耙平做畦。

秋菠菜亩施有机肥 4 000～5 000 千克，过磷酸钙 30～40 千克或高磷复合肥 25～30 千克，深翻地 20～25 厘米，做高畦或平畦。

越冬菠菜每亩可撒施腐熟有机肥 5 000 千克，过磷酸钙 30～35 千克或高磷复合肥 25 千克左右，深翻地 20～25 厘米，使土肥充分混匀，疏松土壤，促进幼苗出土和根系发育，基肥充足，幼苗生长健壮，是蔬菜安全越冬的关键。

2. 追肥　春菠菜在生育中后期，吸收肥水量加大，每亩可顺水追施尿素 7～10 千克或高氮高钾复合肥（20-5-15）10～15 千克。由于春菠菜生长期短，氮肥充足可使叶片生长旺盛，延迟抽薹期。

夏菠菜正处高温季节播种，出现 2～3 片真叶后，追 1～2 次速效氮肥，尿素 7～10 千克或高氮高钾复合肥（20-5-15）10～15 千克。间隔半月左右视苗情再追高氮高钾复合肥（20-5-15）5～7千克。

秋菠菜幼苗出土后，长到4～5片真叶时，应分期追施2～3次速效性氮肥。每亩顺水追施尿素7～10千克或高氮高钾复合肥（20-5-15）10～15千克。促进叶片加厚生长，增加产量，提高品质。

越冬菠菜在冬季需进行长时间的休眠，所以要注意施肥。越冬之前，菠菜幼苗高10厘米左右，需根据生长情况，追施1次越冬肥，可追施通用型复合肥10～15千克。翌年春天，应及时追肥，可结合浇水每亩施尿素7～10千克或高氮高钾复合肥（20-5-15）10～15千克。

越冬菠菜的生产季节正值秋冬和冬春的交界时期、土温低，土壤的硝化作用很弱，施入铵态氮肥后不会很快转化为硝态氮，所以最好用硝态氮肥，含有硝态氮的肥料主要有硝酸钾、硝酸铵、硝基水溶性肥料。

3. 叶面施肥　在后期出现叶片变薄、颜色变淡、发黄等脱肥症状时，可喷施0.2%～0.5%的尿素和磷酸二氢钾混合液或氨基酸叶面肥。在缺铁、锌、锰、硼等微量元素的地块，易发生黄叶、小叶、软腐等，可在生长期喷施0.1%～0.2%微肥溶液2～3次。

第四节　根茎类蔬菜施肥技术

一、胡萝卜施肥技术

（一）胡萝卜生物学特性和条件要求

胡萝卜是伞形科草本植物。其根系发达，主要根系分布在20～90厘米土层内，直根上部包括少部分胚轴肥大，形成肉质根，是胡萝卜主要的食用部分。叶丛生于缩短茎上，三回羽状复叶，叶柄细长。营养生长时期为90～140天，发芽期为10～15天，幼苗期约 25 天，叶生长期约 30 天，其后是肉质根生长期 30～70 天。

胡萝卜为半耐寒性蔬菜，发芽适宜温度为 20～25℃，生长适宜温度为白天 18～23℃，夜温 13～18℃，温度过高、过低均对生长不利。胡萝卜根系膨大需要暄松的土壤，较适于在土层深厚的砂质土壤上种植，过于黏重的土壤会妨碍肉质根膨胀，表面凹凸不平，产生畸形根。适宜土壤 pH 为 5～8，pH 在 5 以下生长不良。胡萝卜根深扩大 2 米以上，可吸收利用深层土壤水分，比较耐旱，适宜的土壤湿度为田间持水量的 60%～80%。若生长前期水分过多，地上部分生长过旺，会影响肉质根膨大生长；若后期水分不足，则直根不能充分膨大，致使产量降低。

胡萝卜即可春季种植，也可秋季种植。春胡萝卜要选择耐抽薹、耐热性强、对光周期不敏感、品质好、生长期短、丰产的早熟或中早熟品种，主要有黑田五寸、红誉五寸、红富七寸、老改良等。适宜的播种期是在 3 月下旬至 4 月上旬。秋胡萝卜适宜的播种期是 7 月中、下旬，耕作深度不少于 25 厘米。

（二）胡萝卜的营养和需肥特点

胡萝卜是需肥量很大的一种蔬菜，每生产 1 000 千克胡萝卜需纯氮 2.4 千克，五氧化二磷 0.8 千克，氧化钾 5.7 千克。

胡萝卜不同生长发育阶段，所需养分量差异也很大。胡萝卜生育初期生长迟缓，生长量小，养分吸收量不大，中后期根系开始膨大时生长急速增加，养分吸收量也显著增加。在所有养分中，吸收量以钾最多，其次是氮、钙、磷和镁，依次减少。胡萝卜对氮的要求以前期为主，在播种后 30～50 天，适量追施氮肥很有必要，如在此期缺氮，根的直径明显减小，肉质根膨大不良。而进入肉质根膨大期氮肥供应不宜过多，否则会使营养生殖生长失调，叶片生长过旺，主根膨大受阻，影响产量和品质。钾对胡萝卜的影响主要是使肉质根膨大。根系开始膨大时生长急速增加，钾肥的施用特别关键。胡萝卜对钙和硼反应敏感，缺钙表现为营养生长受阻，形成木质根。缺硼则根系不发达，裂根，生长点死亡，外部变黑。

（三）胡萝卜施肥技术

在中等肥力、5 000～6 000 千克产量水平下，全生育期每亩施肥量为农家肥 2 000～2 500 千克（或商品有机肥 200～350 千克），氮肥 8～11 千克、磷肥 5～6 千克、钾肥 10～12 千克，氮、钾肥分基肥和二次追肥，有机肥和磷肥全部作基肥。往年出现钙、硼等中微量元素缺乏症状的地块，还要针对性的补充中微量元素肥料。

1. 基肥　亩施农家肥 2 000～2 500 千克（或商品有机肥 200～350 千克），复合肥（15-15-15）50 千克。整地前均匀撒于地表，结合整地翻入犁底。也可起垄时条施与种植垄下。需补充中微量元素肥料的地块，将中微肥同时施入。

2. 追肥　一般要追肥 2 次。第一次追肥在胡萝卜定苗后进行，每亩可用施用高氮高钾水溶肥（17-6-22）10～15 千克，随灌水冲施。第二次追肥在根系膨大初期期进行，每亩施高钾水溶肥（14-14-30）10～15 千克，随灌水冲施。基肥不足或长势较弱的地块，还可在根系膨大盛期进行第 3 次追肥，追肥量同第二次。

3. 根外追肥　出现叶色淡黄、老叶干枯等脱肥症状时，在喷施 0.2%～0.5% 的尿素、硫酸钾混合液 1～2 次。缺硼可叶面喷施 0.1%～0.2% 的硼酸溶液或硼砂溶液 1～2 次，缺钙可叶面喷施 0.2% 硝酸钙或氯化钙溶液 1～2 次。

二、潍县萝卜施肥技术

（一）潍县萝卜生物学特性和条件要求

潍县萝卜是潍坊地区特色农优产品，亩产 2 500～3 500 千克，经济效益较高。肉质翠绿，晶莹剔透，生食甜脆多汁，稍有辣味。即可做蔬菜，也可鲜食。

潍县萝卜为十字花科萝卜属，食用部分为肉质根。根系发达，其肉质根呈长圆柱形，长 25～30 厘米，横径 5～6 厘米；地上部占全长的 3/4，颜色为绿色，地下部为白色。叶片为花叶型，叶色深绿，着生于短缩茎上。

潍县萝卜为半耐寒性蔬菜，喜欢冷凉气候条件，生长最适温度为 5~25℃，较大的昼夜温差有利于养分积累。种植潍县萝卜宜选择土层深厚、土壤肥沃、质地疏松、排水良好的沙壤质土，前茬作物为非十字花科，适宜的土壤 pH 为 5.2~7.1。

（二）潍县萝卜的营养和需肥特点

潍县萝卜对钾肥的需求最多，氮次之，磷最少。据试验，每生产 1 000 千克萝卜需要吸收氮（N）3.0~4.0 千克，磷（P_2O_5）1.8~2.3 千克，钾（K_2O）5~6.5 千克。氮磷钾的适宜比例约为 1:0.6:1.7。另外，萝卜对钙和硼比较敏感，需要量较其他蔬菜多。缺钙时新叶干枯卷曲，根尖枯死，且易生岐根。缺硼时肉质根内出现黑色斑点，严重时心部变成黑褐色，带有苦味。

萝卜在幼苗期，植株小，吸收量也少。当进入莲座期后，吸收量明显增加，根系吸收氮磷的量是苗期的 3 倍，吸收钾最多，吸收钾量是苗期的 6 倍。萝卜生长的中后期，肉质根的生长量为肉质根总重量的 80%，氮、磷、钾的吸收量占总吸收量的 80% 以上。该时期氮的吸收速度稍为迟缓，叶片中的含氮量高于根中的含氮量，而钾的吸收量继续显著增长，主要积蓄于根中，一直持续到收获时。在此段时间吸收的无机营养有 3/4 都是用于肉质根的生长。

（三）潍县萝卜施肥技术

潍县萝卜施肥要做到有机、无机相结合，大、中微量元素相配合，测土配方施肥。以基肥为主，追肥为辅。亩产萝卜 3 000~4 000 千克的地块，建议以下施肥方案。

1. 基肥 一般每亩基施充分腐熟的鸡、鸭粪 3 000~4 000 千克或商品有机肥 300~400 千克，腐熟豆饼肥 50~75 千克（提高潍县萝卜口感），配施 15-10-20 配方高钾三元复合肥或潍县萝卜专用肥 50 千克，硼肥 0.75 千克，锌肥 2 千克。播种前均匀撒施于畦面，后旋耕畦面。

2. 追肥 在播种后 30 天左右（露肩期），结合浇水每亩冲施大量元素水溶肥料（20-5-20）10~15 千克。如萝卜长势好，可不再追肥。基础肥力不足长势趋弱的，可间隔 15～20 天再冲施大量元素水溶肥料（15-0-20）10 千克。

三、山药施肥技术

（一）山药的生物学特性和条件要求

山药是药、食兼优且营养价值和经济价值较高的植物，富含蛋白质、碳水化合物、钙、磷、铁、胡萝卜素及维生素等多种营养成分。山药的食用部分是变态的茎。山药的根发生在山药嘴处，因此一般叫嘴根，嘴根是维持山药一生的主要根系。随着地下块茎的伸长和肥大，在新块茎上长出很多不定根，即须根，协助嘴根吸收营养。

山药根系不很发达，且多分布在土壤浅层，山药的吸收根共有 10 条左右，发生在萌芽茎的基部。5 月下旬，根的长度急速增长，到 6 月中旬基本达到既定长度，即长到 60～80 厘米。同时，须根数也在 6 月中旬达到最大量。山药的地上茎蔓长达 300 厘米，有的甚至更长。

棍棒形长山药，上端很细，中下部较粗，一般长度为 60～90 厘米，最长的可达 200 厘米，其直径一般为 3～10 厘米，单株块茎重 0.5～3 千克，最重的可达 5 千克以上。

山药属短日照植物，长日照有利于地上部生长，但不利于地下茎发育。山药喜高温，茎叶生长的最适温度为 25～28℃，块茎生长的最适温度为 20～24℃。块茎较耐寒，在 0℃条件下不会冻害。山药对水分要求不严格，在发芽期要保持土壤湿润，出苗后至块茎形成前期需水量较少，一般不浇水。块茎生长盛期需水量较大，需要浇水多次才能保证需要。收获前 10 天不再浇水，防止块茎腐烂和断裂。

山药忌重茬，在地块选择上，要求前茬 8～10 年内没种植过山药。宜选前茬为小麦-玉米或小麦-大豆茬，忌选花生、地瓜茬、老菜园茬。要远离污染源，并注意通风采光。宜选用土层深厚、疏松肥沃、向阳、地势较高、排水流畅、地下水位在 1 米以下、pH 6～8 的轻壤土或中壤土，且土体中间无黏土层、板沙层等隔水层。种植山药的地块，一般可连种两年，但必须采取隔行挖沟的方法。

山药块茎下扎可达 100 厘米以上，因此需要将生土深耕，改善土壤结构，降低土壤紧实度，以利于块茎下扎生长。一般在冬前深翻土地，挖土时将表土和底土分开堆放，经过冬季日晒风化后，于翌年春天下种前，将施入基肥的土壤回填山药沟内，一般按南北向开挖深沟，行距 90 厘米，沟宽 25 厘米，沟深 130～150 厘米。注意先填入底土，再填入表土。山药的吸收根系多数分布在距地面 30 厘米深的土层内，因此大部分基肥要集中施入 30 厘米的土层即可。

（二）山药的营养和需肥特性

据试验，每生产 1 000 千克山药，需纯氮 4.32 千克，五氧化二磷 1.07 千克，氧化钾 5.38 千克。所需氮、磷、钾的比例约为 4：1：5。山药块茎的主要营养成分是淀粉，而氯元素对淀粉合成不利，在肥料选择上应优先选择硫酸钾和硫基复合肥。

在山药生长前期，由于气温低，有机养分释放慢，需要供给山药适量的速效氮肥，以促进茎叶的生长。但施氮肥过多，易造成植株徒长，茎叶组织柔嫩，易得山药炭疽病。

在山药生长中后期，山药的块茎生长量急增，需要供给充足的磷钾肥，利于山药机械组织的形成，促进块茎的膨大与充实，增强抵抗病原菌的能力，提高产量和品质。同时为防止后期缺肥早衰，注意补施少量的速效氮肥。

（三）山药施肥技术

山药生育期长，根系吸收能力较弱，因此需肥量较大，应化肥和有机肥配合施用，重施基肥，多次追肥，才能保证山药在每个生长阶段对养分的需要。

1. 基肥　亩施腐熟或沤制的有机肥 3～4 米³，配施豆粕或生物有机肥 100～150 千克，尿素 20～30 千克，磷酸二铵 40～50 千克，硫酸钾 50～75 千克，硫酸锌 2 千克，硫酸镁 5 千克。也可以 16-9-20 配方的硫酸钾型复合肥料 150～200 千克取代上述化肥。腐熟好的有机肥下地时，再喷洒上 100～200 倍的 50% 辛硫磷乳油，防治地下害虫。基肥应深施，有机肥和化肥可在 0～40 厘米土层内分层施用于定植沟。

2. 追肥　根部追肥要尽量少伤根，一般在 6 月中旬进行第一次追肥，每亩追尿素 15～20 千克；7 月中旬进行第二次追肥，每亩追 16-9-20 配方的硫酸钾型复合肥 40～50 千克；8 月中旬进行第三次追肥，每亩追尿素 10～15 千克、硫酸钾 20 千克，或 45%（16-9-20）的硫酸钾型复合肥 30～35 千克。追肥在定制带开沟施用，深度 15 厘米，干旱时及时浇水。

3. 叶面追肥　6—9 月上旬，从山药叶展开后，每 7～10 天要进行一次叶面追肥，可喷施 0.5% 的磷酸二氢钾和尿素混合溶液，或复合型的大量元素水溶性叶面肥料，亩喷肥水不少于 30 千克。以喷叶子背面为主，叶面追肥可复合微肥、磷酸二氢钾、氨基酸叶面肥等多种肥料交替进行。喷肥时间一般在上午 10 时之前，或下午 4 时之后进行，4 小时内若遇雨要重喷。

四、牛蒡施肥技术

（一）牛蒡生物学特性和条件要求

牛蒡为菊科二年生或三年生草本植物，其主根肉质肥大，是主要收获器官。因其富含纤维素，可降低胆固醇作用，具有"清道夫"美誉，对糖尿病、咳嗽、风疹、咽喉肿痛有食疗作用。

牛蒡主根发达，长 40～100 厘米，粗 2～3 厘米，直根深扎于土中，有较强的吸收水肥能力。叶心脏形，叶柄较长，叶背密生灰白色绒毛，根。当主根达到粗 1 厘米以上，经过 5℃ 低温和 12 小时长日照，地上部分即可抽薹开花。一般在 5—6 月抽薹，薹高可达 150 厘米左右，顶端分枝着生直径约 4 厘米的头状花序，开花期 7—8 月，花谢后 30 日左右种子成熟。

牛蒡喜温，最适发芽温度 20～25℃。地上部耐热性较强，耐寒性较差，3℃左右会枯死。根部耐寒性很强。牛蒡根系入土较深，不耐积涝，水浸超过 2 天根系就会腐烂或发生岐根。种植牛蒡宜选择土壤要求排水良好、土层厚度 1 米以上、质地疏松、养分肥沃的沙壤质土地，最适合在河川两岸的冲积土壤种植。以弱酸性土为好，在 pH 为 6.5～7.5 范围可良好生长。

（二）牛蒡的营养和需肥特点

通过大量肥料试验证实，牛蒡所需氮、磷、钾量明显高于其他蔬菜，对土壤养分消耗较大。每生产 1 000 千克根茎约需纯氮（N）10.5 千克，磷（P_2O_5）14 千克，钾（K_2O）9.6 千克，氮磷钾比例为 1：1.3：0.9。

牛蒡对氮、磷、钾吸收表现为 S 形曲线，与自身的生长规律基本一致。氮、磷、钾的分配与各器官干物质的积累相一致，随生长的延续及各器官量的增大，氮、磷、钾的量也逐渐增加。氮、磷、钾吸收后，首先向最需要的部位即生长中心分配，根茎膨大期主要向根茎转移。

（三）牛蒡施肥技术

牛蒡施肥原则是：有机无机结合，氮磷钾及中微量元素配合。施足底肥，苗期少追，盛长初期重施氮磷钾肥，盛长后期补施氮钾肥。亩产牛蒡 2 500 千克周年施肥量为：有机肥 4 000～5 000 千克，氮（N）27 千克、磷（P_2O_5）35 千克、钾（K_2O）24 千克。

1. 基肥 亩施土杂肥 5 000 千克，精制有机肥 100～150 千克，13-17-12 的牛蒡配方肥 200 千克。也可以复合肥（15-15-15）150 千克，尿素 6 千克，过磷酸钙 90 千克取代牛蒡配方肥。整地调沟，沟深 50～80 厘米，将有机肥、化肥和田土交替回填，使肥料均匀施于 0～50 厘米种植沟。

2. 追肥 旺盛生长前期，亩施复合肥（15-15-15）40 千克，尿素 10 千克；旺盛生长后期，追施牛蒡配方肥（13-17-12）50 千克。追肥时离植株行 10 厘米外开沟 10～20 厘米，尽量减少伤根，沟施后及时覆土，随后浇水一次。

五、马铃薯施肥技术

（一）马铃薯生物学特性和条件要求

马铃薯为茄科茄属多年生草本植物。属于浅根性作物，根系大部分分布在 0～30 厘米土层内。茎根据形态特征及生理功能分为地上茎、地下茎、匍匐茎、块茎。地上茎支撑枝叶，运输养分、水分和进行光合作用。地下茎是主茎在地下的结薯部位，是养分、水分运输枢纽。块茎即薯块，是一种缩短而肥大的变态茎。块茎既是经济产品器官，又是繁殖器官，是主要收获产品。叶为奇数羽状复叶，呈螺旋状排列，是作物进行光合作用的主要器官。

马铃薯整个生长发育过程大致分为五个时期，分别为休眠期、发芽期、幼苗期、发棵期和结薯期。

马铃薯生长发育需要较冷凉的气候条件，块茎播种后，地下10 厘米土层的温度达 7～8℃时幼芽即可生长，10～12℃时幼芽可苗壮成长并很快出土。植株生长的最适宜温度为 20～22℃，温度达到 32～34℃时，茎叶生长缓慢。超过 40℃完全停止生长。气温 －1.5℃时，茎部受冻害，－3℃时，茎叶全部冻死。块茎生长发育的最适宜温度为 17～19℃，温度低于 2℃或高于 29℃时停止生长。

发芽期生长要求黑暗，光线抑制芽伸长，促进加粗、组织硬化和产生色素。幼苗期和发棵期长日照有利于茎叶生长和匍匐茎发生。结薯期宜于短光照，成薯速度快。茎秆在弱光下伸长强烈，表现细弱；强光下茎秆矮壮，叶面积增加，光合作用增强，植株和块茎的干物重明显增加。短日照有利于结薯不利于长秧。此外，短日照可以抵消高温的不利影响。高温一般促进茎伸长而不利于叶和块茎的发育。但在短日照下，可使茎矮壮、叶肥大、块茎形成较早。因此，高温短日照下块茎产量往往比高温长日照要高。

马铃薯生长过程中要供给充足水分。发芽期需土壤有足够的底墒，播种后得保持种薯下面土壤湿润，上面土壤干爽。幼苗期土壤含水量一般以最大持水量的 50%～60%为宜，轻微的干旱还可以刺激根系的充分发育，为后期生长创造了有利的条件。从孕蕾期开始到块茎膨大期马铃薯对水分的供应就变得极为敏感。这一时期土壤的含水量应保持在田间最大持水量的 70%～80%，一旦缺水，块茎的产量将大幅度下降。结薯后期要控制土壤水分不要过多，以免造成闷薯烂薯。

马铃薯对土壤适应的范围较广，最适合马铃薯生长的土壤是轻质壤土。这类土壤种植马铃薯，一般发芽快、出苗整齐，生长的块茎表皮光滑，薯形正常，淀粉含量高，便于收获。

马铃薯喜 pH 5.6～6 微酸性土壤，在偏碱性土壤上种植易感染疮痂病，要选择抗病品种，施用酸性肥料，加强病害预防。

（二）马铃薯的营养和需肥特点

马铃薯是一种以块茎为经济产品的作物，需钾量大，属典型的喜钾作物。每生产 1 000 千克鲜薯需氮（N）4.4～5.5 千克，磷（P_2O_5）1.8～2.2 千克，钾（K_2O）7.9～10.2 千克。氮、磷、钾之比为 1∶0.4∶2。马铃薯吸收氮、磷、钾的数量和比例随生育期的不同而变化。苗期是马铃薯的营养生长期，吸收的氮、磷、钾分别为全生育总量的 18%、14%、14%。块茎形成期植株营养生长和生殖生长并进，对养分的需求明显增多，吸收的氮、磷、钾已分别占到总量的 35%、30%、29%，而且吸收速度快，此期供肥好坏将影响结薯多少。块茎增长期茎叶生长减慢或停止，主要以块茎生长为主。植株吸收的氮、磷、钾分别占总量的 35%、35%、43%，养分需要量最大，吸收速率仅次于块茎形成期。淀粉积累期，此期茎叶中的养分向块茎转移，茎叶逐渐枯萎，养分减少，植株吸收氮、磷、钾养分别占总量的 12%、21%、14%，此时，供应一定的养分，防止茎叶早衰，适当延长绿色体寿命，对块茎的形成与淀粉积累有着重要意义。

马铃薯氮素供应必须适宜，如果供应不足，就会使薯棵长势弱，叶片小，叶色淡绿发灰，分枝少，开花早，下部叶片提早枯萎和凋落，降低产量。如果过量，则又会引起植株疯长，营养分配打乱，大量营养被茎叶生长所消耗，降低块茎形成数量，延迟结薯时间，造成块茎晚熟和个小，干物质含量降低，淀粉含量减少，块茎易染病腐烂。另外，氮肥过多还会导致枝叶太嫩，容易感染晚疫病，造成更大的损失。因此，氮肥宁可基肥、种肥少施，苗期追氮，切忌基肥、种肥氮素过多。

马铃薯喜钾。充足的钾肥，可以使马铃薯植株生长健壮，茎秆粗壮坚韧，增强抗倒伏、抗寒和抗病能力，并使薯块变大，蛋白质、淀粉、纤维素等含量增加，减少空心，从而使产量和质量都得到提高。即使是土壤中富含钾素的地块，也要补充一定数量的钾肥。

（三）马铃薯施肥技术

马铃薯施肥须注重增施有机肥，提高土壤有机质含量，培肥地力，采取有机肥与化肥配合使用，补施微肥的策略。在化肥施用上要注意氮、磷、钾合理配比，适当减少单位面积化肥施用总量。

根据马铃薯需肥规律，马铃薯施肥应在施用有机肥基础上，选用中氮、低磷、高钾型复合肥，推荐配方为 15-10-18 或近似配方，补充使用微量元素肥。2 000～2 500 千克的产量水平，建议如下施肥方案。

1. 基肥　一般亩施优质土杂肥 3 000～5 000 千克或亩施有机质≥45％的商品有机肥 80～120 千克，配方肥 90～130 千克，硼砂 1.0～1.5 千克，硫酸锌 1.0～1.5 千克。土杂肥（或有机肥）全部耕前撒施，商品有机肥、速效化肥、微量元素肥于播种期作为种肥穴施或在种子旁条施。如底肥不足，在发棵期补施速效肥料或叶面喷施。

2. 根外追肥　马铃薯对钙、镁、硫等中、微量元素需求较大，为了提高品质，可结合病虫害防治进行根外追肥，叶面喷施中、微量元素肥料。为防止脱肥，前期可喷施 0.5％～1％尿素或高氮型叶面肥，以增加叶绿素含量，提高光合作用效率，后期在距收获前 40 天，可喷施 0.5％高钾型叶面肥，每 7～10 天喷施一次，以防早衰，并加速淀粉的累积。

六、芦笋施肥技术

(一)芦笋生物学特性和条件要求

芦笋为百合科天门冬属多年草本植物。食用部分为嫩茎。因其营养价值高,药用效果好,风味独特而获"蔬菜之王"美称。

芦笋根系为须根系,比较发达。整个根由初生根和次生根组成,初生根是由种子的胚根发育而成的,比较纤细。次生根是种子发芽以后在胚茎处产生的,整个次生根系很庞大,可以分为贮藏根和吸收根。

芦笋成株地下部分耐低温,生长温度为5~35℃,高于35℃即停止生长。芦笋喜光,阳光充足有利于养分积累和嫩茎生长。芦笋较耐旱,但过度干旱根系发育受阻,嫩茎细弱扭曲,适宜的土壤持水量为60%~70%。

芦笋耐盐碱能力较强,适宜的土壤pH 6~7.2,轻微盐碱地上也可以种植,最适合在质地疏松、透气性好、土层深厚、土壤肥沃的沙壤质土上种植。

(二)芦笋的营养与需肥特点

芦笋为多年生植物,一般连续管理10年左右。年度需肥量与笋田年龄和土壤肥力基础有关。定植初年笋苗小、生长量少,需肥量也少;随着芦笋植株生长、根系的扩展,茎叶生长量迅速增加,需肥量增加;笋田进入衰老期后生长速度减慢,需肥量减少。成年笋植株繁茂,根系发达,生长期长,需肥量较大,一般第四年达到需肥高峰。

芦笋生长发育需要多种营养元素,但吸收量多、影响最大的是氮、磷、钾、钙四大元素。据试验,定植初年未开采的笋田,氮、磷、钾适宜比例约为1:0.6:0.8。采笋期每生产1 000千克嫩茎,需纯氮21千克、五氧化二磷14千克、纯钾19千克、纯钙12.7千克,氮、磷、钾比例为1:0.7:0.9。

芦笋主要以营养生长为主,对氮的需求量最多。氮对茎叶生长有强烈的促进作用，氮肥充足时，植株高大，茎叶茂盛，嫩茎发生多而粗；氮肥不足，发育不良，嫩茎细而纤维多，质硬、味苦、产量降低；氮肥过多，地上部生长过旺，嫩茎易空心、畸形，抗性降低，易发生病害，导致减产。磷对芦笋根系、鳞芽的发育，营养成分的合成、运转，增进嫩茎甜味、香味均有重要作用。钾有利于芦笋茎叶光合产物的合成、转化、运输和积累，为发生嫩茎提供丰富养料，还有利于嫩茎增粗、充实，可增强植株的抗病性。钙能中和芦笋体内过剩有机酸，拮抗过多的其他离子，避免毒副作用，使植株组织坚实，抗病性增强，促进根系发育，利于养分向肉质根运转、积累，形成充实嫩茎，避免空心。

（三）芦笋施肥技术

芦笋在不同的生育期需肥量有较大差异，主要受生长量、嫩茎产量的影响。

1. 育苗期施肥　在选好的育苗地上将土深翻 25 厘米左右，亩施充分腐熟有机肥约 3 000 千克，氮磷钾三元复合肥（25-5-15）50 千克，过磷酸钙 30～40 千克，与土壤拌匀成营养土，提前做好育苗准备。

当笋苗第一枝地上茎停止生长后，每隔 10～15 天喷施一遍大量元素水溶肥料，浓度为 0.2%～0.3% 进行喷洒，不要选择单一氮素化肥。为了促进幼苗生长，培育壮苗，当幼苗抽生第二条幼茎时，每亩追施氮磷钾三元复合肥（20-10-10）30 千克。施肥以后及时浇水，利于肥效的发挥。每间隔 20 天追施 1 次，苗期共追施 2～3 次。

2. 定植初年施肥

（1）定植前施肥。芦笋是多年生宿根作物，芦笋定植后 10 年左右不能进行耕翻，因此，定植前施肥非常重要，施肥要以有机肥为主，并配合一定量的速效化肥。定植前要挖定植沟，在定植沟内施肥。一般在定植沟内亩施充分腐熟有机肥约 4 000 千克、氮磷钾三元复合肥（25-5-15）50 千克，过磷酸钙或钙镁磷肥 30～40 千克，硼砂 1.0 千克，硫酸锌 2.0 千克，与土充分混合后，再回填入约 10 厘米厚度的熟土。

（2）定植后施肥。

①春植田。春季定植后，当幼茎高约 10 厘米时亩追施复合肥（30-5-10）15～20 千克。在 5 月中旬前后，第二批幼茎大量发生前，施复合肥 15～20 千克。此后，在每批地上茎停止生长，新茎抽发之前，均应追施一遍肥料。追肥采用距植株 20 厘米开深度 10 厘米左右的沟，将肥料施入沟内然后覆土。在 8 月上中旬要重施秋发肥，施肥复合肥（17-10-18）25～30 千克或尿素 10 千克、过磷酸钙 20 千克、氯化钾 10～20 千克，也可以使用充分腐熟的有机肥 500 千克、过磷酸钙 10 千克、氯化钾 7～10 千克。重施秋发肥是为增生秋茎，保证有较大的光合生产面积，充分利用光能，积累大量的养分，为翌年春进入采收期奠定基础。

②夏植田。在夏季定植后半月左右，结合第一次填土，亩施复合肥（20-10-10）15～20 千克，促进芦笋生育，增强抗病力。立秋时，再施复合肥（18-10-17）15～20 千克。追肥要结合浇水，既及早发挥肥效，又防止烧根死株。

③秋植田。秋天定植的笋田，由于缓苗以后生长到越冬时间短、生长量小，在定植沟内施足肥料以后，越冬前一般不需要再追肥。如果秋天温度较高，笋苗生长快、生长量较大，可以适当追施少量尿素，一般亩施 10 千克，为翌年春天及时返青生长提供营养。

3. 成年期的施肥 成年期芦笋的施肥，每年可分 4～5 次进行。每次均开沟施用。追肥不要离芦笋太近，也不要太远，追肥沟一般离笋丛 20～30 厘米，尽量避免伤根。注意每次施肥后，必须及时浇水、中耕除草。

（1）春季施肥。春季采收前可结合耕翻土地和培垄，在行间开沟亩施充分腐熟捣细的有机肥 1 000 千克、复合肥（25-10-10）25～30 千克。

（2）采收期追肥。采收期内，分期追施少量化肥，对增加采笋量有显著作用，5 月上旬是采收中后期，春季施肥肥效降低，此时，每亩可追复合肥 20～25 千克，可在停采后立即被芦笋吸收。

（3）采后追肥。停采后贮藏根内营养消耗很多，还要形成地上部的茎叶，因此停采后的一个月左右，是一年中需肥量最多的时期，此期，亩施有机肥 3 000 千克结合复合肥 30～40 千克，在行间开沟施入，然后撒土埋肥。待芦笋齐苗后浇水 1 次，促进芦笋对肥料的吸收。

（4）追秋发肥。立秋前后，将有 1 次抽茎高峰，然后进入秋季旺盛长期。为保证秋发期的正常生长，促进植株制造和积累更多的光合产物，立秋前后可在行间开沟施入有机肥 1 000～2 000 千克，复合肥（20-10-10）20 千克。如果有机肥数量不足，可适当增加化肥用量，但必须氮、磷、钾配合施用，绝不能只施氮肥不施磷、钾，或施用氮肥太多。

（5）追越冬肥。秋末冬初，芦笋停止生长后，亩施有机肥1 000千克、复合肥（20-10-10）15～20 千克，使芦笋安全越冬和促进翌年早发。

第五节　葱姜蒜类蔬菜施肥技术

一、章丘大葱施肥技术

（一）章丘大葱生物学特性和条件要求

大葱属百合科多年生宿根植物，植株直立，根系属须根系，根分枝性弱，根毛少，在土壤分布较浅；叶簇生，管状，圆筒形而中空；叶鞘为多层的环状排列抱合形成假茎，假茎经培土软化栽培后就是葱白，它是养分的贮藏器官和经济产物。

大葱是耐寒作物，种子在 2～5℃条件下能正常发芽，在 7～20℃范围内，随温度升高而种子萌芽时间缩短。生长最适温度为 15～25℃，气温超过 30℃ 则生长缓慢。大葱对光照强度要求不严格，但若光照强度过低，日照时间过短，光合作用弱，光合产物积累少，生长不良；光照过强，时间过长，叶片容易老化。

大葱较耐旱不耐涝，炎夏高温多雨季节应注意排水防涝，以免烂根死苗。

大葱对土壤适应性广，沙壤土至黏壤土均可栽培，较适于土层深厚、保水力强的肥沃土壤。沙壤土便于松土、培土，土质疏松，通气性好，容易获得高产。沙土过于松散，培土后容易坍塌，保水保肥性差，产量偏低，假茎洁白美观，但耐贮藏性差。黏土不利于发根和葱白的生长，假茎质地紧密，耐贮藏性好，但色泽灰暗。高产栽培对土壤养分的要求是土壤有机质 2.5 克/千克，碱解氮 120 毫克/千克，有效磷 40 毫克/千克，速效钾 130 毫克/千克。

大葱要求中性土壤，pH 7.0 左右对大葱生长最为适宜。生产栽培 pH 范围为 5.9～7.4，耐酸极限是 pH 4.5，在酸性土壤上栽葱应施生石灰进行土壤改良。在 pH 高于 8.5 会明显拟制生长。

（二）章丘大葱的营养和需肥特点

大葱比较喜肥，对氮素的反应很敏感，施用氮肥有明显的增产效果。大葱生长盛期吸收氮的量要高于钾（1∶0.9），而进入叶鞘充实期，对钾的吸收量要比氮高（1∶1.2）。大葱对磷的要求以幼苗期最敏感，苗期缺磷时会严重影响大葱的最终产量。在葱白形成期对钾的需要量较大。大葱为喜硫作物，在肥料选择上，优先选用硫酸钾、硫基复合肥、过磷酸钙等含硫肥料。章丘市农业局多年多点的试验证明，随着产量水平的提高，大葱全生育期单位经济产量养分吸收量也逐渐增加。每形成 1 000 千克经济产量，平均需氮 2.95 千克，五氧化二磷 1.18 千克，氧化钾 4.02 千克。增施钙、镁、硼、锰等中微量元素肥料，在大葱的产量和品质方面均表现出一定的效果。

章丘大葱一般为小麦-大葱套作，生育期较长，从播种到收获需要 410 天左右，而定植到收获约 140 天。从发芽到移栽，生长量很小，在苗床施足基肥的情况下，一般不需要追肥。定植后养分需求开始增大。立秋过后随着天气转凉，大葱生长速度逐渐加快，此期是施肥管理的关键时期。

（三）章丘大葱施肥技术

大葱施肥应坚持有机无机结合、测土配方施肥的原则。对于肥力中等、目标产量 3 500 千克的地块，建议以下施肥方案。产量水平较高的地块，可在此基础上适当增加施肥量。

1. 苗床施肥　亩施腐熟有机肥 2 000～3 000 千克，配施尿素、二铵、硫酸钾各 4～5 千克，或硫基复合肥 20 千克。3—5 月视苗情酌情追施尿素 1～2 次，每次亩用量 7～10 千克。

2. 定植前基肥　定植前开挖栽植沟，沟内施肥、覆土、混匀。每亩基施腐熟有机肥 3 000～5 000 千克，硫酸钾型复合肥 20 千克。定植前先在葱沟内浇水，待水渗入后立即插葱。定植后越夏缓苗期一般不再浇水、追肥。遇涝要注意及时排水。

3. 追肥

（1）葱白生长初期。此期以叶片增加和增长为主，分两次施肥，施肥偏重氮肥。大暑-立秋，亩施尿素 10 千克，过磷酸钙 15～20 千克，撒于背上，划锄于沟内，然后浇第一次水；处暑（8 月下旬）前后，结合第一次培土，应追 1 次攻叶肥，亩施尿素 5 千克，硫酸钾 8～10 千克或硫酸钾型高氮高钾复合肥 25～30 千克。

（2）葱白形成期。9 月上旬至 10 月中旬，葱白进入生长盛期，是产量形成最快的时期。此时葱需肥最多，应重施攻棵肥，适当偏重钾肥。结合培土分两次追施，第一次 9 月初，第二次 9 月底或 10 月初，每次每亩施尿素 10～15 千克、硫酸钾 15～20 千克或硫酸钾型高氮高钾复合肥 40～50 千克。

二、生姜施肥技术

（一）生姜生物学特性和条件要求

生姜为多年生宿根植物。根为须根，不发达，主要分布于 20～30 厘米土层。地下茎腋芽活动，不断分生，基部膨大形成肥大的肉质茎，即为收获物。地上茎为假茎，高 60～70 厘米，直立。每个地上茎基部都可肥大形成姜块，故地上茎数目越多，产量越高。叶披针形，排成两列。

生姜喜温、耐阴，不耐热，不耐强光，地上茎生长适温为 18～28℃，根茎发育以 20～27℃为宜，如阳光直射，则生长受阻。在散射阳光下生长最好，炎热夏季需要遮阳。生姜不耐寒，遇霜即凋萎。抗旱力弱，需经常保持土壤湿润。

生姜要求土层深厚肥沃，有机质丰富、通气良好、便于排水的土壤。在砂性土中栽培，生姜发苗快，产量也较低，但所产的生姜光洁美观，含水量少，质粗味辣，姜的晒制率高。黏性土栽培产量较高，但含水量多，质细嫩，味淡，姜干晒制率低。生姜喜微酸性土壤，以 pH 5～7 的范围内较好。已连续种姜 2 年以上，曾发生过姜瘟病的地块，不宜继续种姜。

（二）生姜的营养和需肥特点

生姜耐肥，生长期长，产量高，需要养分多。近几年的示范结果证明，生姜丰产稳产适宜的养分指标为：土壤有机质 15～30 毫克/千克，碱解氮 120 毫克/千克、速效磷 30 毫克/千克、速效钾 160 毫克/千克，微量元素锌、硼处于临界值 0.5 毫克/千克以上。

生姜对养分的要求以钾肥最多，氮肥次之，磷肥居第三位。同时对钙和镁也有较大需求。据试验，每生产 1 000 千克鲜姜需从土壤中吸收氮 6.34 千克、五氧化二磷（P_2O_5）0.57 千克、氧化钾（K_2O）9.27 千克、钙（Ca）3.69 千克、镁（Mg）3.86 千克。氮磷钾的吸收比例为 1：0.09：1.46。

生姜生育周期对氮、磷、钾的吸收表现出典型的 S 形曲线，这种吸收规律与其自身的生长规律相一致。在幼苗期植株生长缓慢，生长量小，幼苗对氮、磷、钾的吸收量也较少，此期吸收的氮素占全生长期总吸收量的 12.59%，磷 14.44%，钾 15.71%。三股杈期以后，植株生长速度加快，分杈数量增加，叶面积迅速扩大，根茎生长旺盛，因而需肥量迅速增加，此期吸收氮、磷、钾分别占全生长期总吸收量的 87.41%、85.56%、84.29%。

氮肥供应充足时，叶片肥厚，叶色深，生长旺盛，若缺乏氮素营养，则表现为植株矮小，叶片薄，叶色发黄，生长势弱，分枝少。磷肥供应充足时，前期姜苗根系发达，根茎壮。磷元素缺乏时，生姜叶色暗绿，植株矮小，根茎发育不良。钾肥供应充足时，茎秆粗壮，分枝增多，抗病性、抗逆性增强，品质好。钾元素缺乏，不仅分枝少、产量低，而且姜块的粗纤维含量增加，挥发油、维生素 C 以及糖分含量降低，影响姜块品质。

（三）生姜施肥技术

生姜施肥应坚持"测土配方、有机无机结合、基追结合"的原则。实践上，应控施氮肥，增施磷钾肥。据多年多点的小区试验和大区示范配方施肥结果，在中等肥力水平下，亩产 5 000 千克的姜园，建议施用腐熟有机肥 3 000 千克以上，施用纯氮 45～50 千克、五氧化二磷 20～28 千克、氧化钾 45～50 千克。具体施肥量应根据土壤养分含量进行调整。

1. 施足基肥 基肥一般以有机肥为主，速效化肥配合。一般亩施腐熟的农家肥 3 000～5 000 千克，饼肥 100 千克，复合肥 40 千克，过磷酸钙 100 千克，尿素 10 千克。或者亩施腐熟的农家肥 3000～5000 千克，饼肥 100 千克，15-8-17 配方肥 100 千克。对缺硼、缺锌的地块，每亩基施 1 千克硼砂和 2 千克硫酸锌。结合整地施用。

2. 轻施壮苗肥 为使幼苗健壮生长，可于 6 月中上旬、苗高 25～30 厘米、幼苗长出 1～2 个分枝时时进行第一次追肥，称为小追肥或壮苗肥，这次追肥以氮肥为主，可亩施尿素 10～20 千克或高氮复合肥 15～20 千克。开沟施入或随浇水冲入。

3. 三杈期追肥 又称转折肥（立秋前后）。此时生姜进入旺盛生长期，是追肥的关键时期，对肥水需求量增大。于立秋前后结合姜田拔除影障或拆除姜棚，进行第二次追肥，此次追肥对生姜产量形成十分重要，称为大追肥。在姜苗北侧距植株基部 15～20 厘米处开施肥沟，每亩姜田追施 20-5-20 复混肥 75～100 千克，开沟施入或随浇水冲入。

4. 膨大期追肥 9 月上中旬，姜苗具有 6～8 个分杈，此时是根茎迅速膨大期，可根据植株长势，酌情进行第三次追肥，称为补充肥或膨大肥。这次追肥促使生姜根茎迅速膨大；防止生长后期脱肥而导致茎叶早衰。每亩冲施高钾复合肥（15-5-20）40～50 千克左右，分两次施用，间隔 15 天左右。对于长势弱或长势一般的姜田及土壤肥力低的姜田，可加追尿素 10 千克。对土壤肥力高，植株生长旺盛的姜田，则应减少 10%～15% 的追肥量。

三、大蒜施肥技术

（一）大蒜生物学特性和条件要求

大蒜属于百合科葱属二年生草本植物，其产品营养丰富，味道鲜美，能增进食欲，并有杀菌作用。种植制度主要是大蒜-玉米轮作，以地膜覆盖栽培为主。适宜播种期为 9 月下旬至 10 月上旬。

大蒜根系为弦状肉质须根，根毛很少，并且细弱，主要分布在 20～25 厘米耕层内，属浅根性蔬菜，吸水力弱，所以喜湿，喜肥，不耐旱。

大蒜是喜冷凉的作物，生长期需要经过一个低温春化阶段。发芽及幼苗期最适温度为 12～16℃。幼苗期极耐寒，可耐 -7℃ 的低温，能耐短时间 -10℃ 的低温。鳞芽分化期适宜的温度条件为 15～20℃，抽薹期为 17～22℃，鳞茎膨大期为 20～25℃。温度较低时，鳞茎膨大缓慢；温度过高，膨大速度加快。

大蒜是长日照作物。在通过春化阶段后，需要长日照才能抽薹，并促进鳞茎的形成。在日照为 12 小时以下时，不能形成鳞茎。

由于大蒜根系分布范围小，根毛少，吸收能力弱，所以要求的土壤湿度很严格。播种至出苗前，土壤应湿润，幼苗期土壤应见干见湿，以减少地下害虫为害，但土壤过湿会引起烂母。在叶片旺盛生长期需水较多，要多浇水催秧催薹快长。采薹后立即浇水，以促进植株和鳞茎生长。鳞茎膨大期必须充分满足水分供应。收获前，节制供水，促进蒜头老熟，提高质量和耐贮性。大蒜对土壤质地要求不严，但以富含腐殖质的肥沃壤土为最好。土壤酸碱性要求偏酸性，最适 pH 为 5.5～6.0。土壤瘠薄、质地黏重，碱性过大的地块不宜种蒜。

（二）大蒜的营养和需肥特点

据试验研究，一般每生产 1 000 千克大蒜，需氮（N）4.5～5

千克，磷（P_2O_5）1.1～1.3 千克，钾（K_2O）4.1～4.7 千克，比例为 3∶1∶3。大蒜是典型的喜硫作物，应用硫肥或硫基复混肥，可使蒜头和蒜薹增大增重，并可使畸形蒜薹和裂球降低。大蒜不同生育时期对养分的吸收，随植株生长量的增加而增加。大蒜萌芽期所需的养分都由种瓣提供。进入幼苗期后，种瓣中贮藏的养分逐渐耗尽，大蒜的营养完全靠土壤供应，吸肥量明显增加，如果土壤养分不足，易出现叶片干尖。此时应施用速效肥料，以保证幼苗的生长和培育壮苗。幼苗期结束后，进入鳞芽、花芽分化期，这一时期是大蒜生长发育的关键时期，根系生长增强，加速了对土壤养分的吸收利用。从花芽分化结束至蒜薹采收是大蒜营养生长与生殖生长并进时期，蒜薹迅速伸长的同时，鳞茎也逐渐形成和膨大，生长量大，需肥量也最多，此阶段氮磷钾吸取量占全量的 38.2％、62％、53.18％。此时根系生长和吸肥能力达到高峰，是大蒜肥水管理的关键时期。蒜薹收获后，是鳞茎膨大盛期，氮磷钾的吸取量约占全量的 30.7％、21％和 25.57％。此时根系开始衰老，通常需要叶面喷肥补充养分。

（三）大蒜施肥技术

大蒜以地膜覆盖栽培为主，追肥不便。施肥应以基肥为主，追肥为辅。连续重茬地块应增施生物有机肥或复合中微量元素，减轻连作危害。

1. 基肥 基肥应施足，养分搭配齐全，至少保证鳞芽分化时的养分需要。亩产蒜头 1 000～1 500 千克的地块，亩施充分腐熟的农家肥 2 500～3 000 千克，或豆饼 50 千克左右。配施尿素 30～40 千克，磷酸二铵 20～30 千克，硫酸钾 30～40 千克。也可施用 15-10-18 大蒜专用配方肥 100 千克。连续重茬地块还应增施生物有机肥或复合中微量元素 100 千克。所有肥料混合撒施，及时深耕耙平。

2. 追肥

（1）催薹肥。春季返青后，蒜薹伸长期前，一般在蒜薹开始抽生时，随水冲施两次，每次每亩冲施尿素 10 千克或高氮冲施肥 15

千克，间隔 10 天左右。

（2）催头肥。催薹肥施用后 1 个月，蒜薹伸长期基本结束后，此期随水冲施 20-5-20 或近似配方的冲施肥 10~15 千克。

（3）叶面喷肥。为防止后期脱肥，在蒜头膨大期前后，在间隔 10~15 天喷施 2 次 1% 的尿素与磷酸二氢钾混合溶液。往年出现过微量元素缺乏症状的地块，可喷施 0.5%~1% 复合含氨基酸微量元素叶面肥两次。

四、韭菜施肥技术

（一）韭菜生物学特点和条件要求

韭菜属百合科多年生缩根草本植物。韭菜根系为弦线状须根，根系浅，主要根系分布在 0~30 厘米的耕作层。韭菜茎分花茎和营养茎两种，花茎细长，顶端着生薹，营养茎（鳞茎）在地下短缩成茎盘，因贮存营养而肥大，形成葫芦状，称为鳞茎。韭菜叶子成簇生状，叶片扁平、狭长的带状，实心，颜色深绿和浅绿两种。韭菜花着生于花径的顶端，呈伞形花序，球状或半球形。果为蒴果，黑色，三棱状。

韭菜耐寒性很强，日均温度 8~31℃ 均可生长，适宜温度为 13~26℃。韭菜喜湿，对土壤水分要求随不同发育阶段而不同，发芽期要求土壤含水量较高，适宜的土壤相对含水量 70% 为宜。苗期根系吸收能力较弱，应保持土壤湿润，缺水会出现幼苗"吊死"现象。营养生长初期，土壤相对含水量为 70%~90%，营养生长盛期，土壤相对含水量 90%~95%。韭菜耐盐性较强，在含盐量 0.2% 的土壤上可正常生长，适宜的 pH 为 5.5~6.5。

（二）韭菜的营养和需肥特点

韭菜是喜肥作物，耐肥力很强，对氮磷钾的吸收量随着产量水平的提高而增多。一生中吸收的养分以钾最多，氮次之，磷较少。一般每生产 1 000 千克韭菜产品约需纯氮（N）1.5~1.8 千克，五氧化三磷（P_2O_5）0.5~0.6 千克，氧化钾（K_2O）1.7~2.0 千克，比例为 1∶0.4∶1.2。不同品种和种植条件略有差别。因韭菜属多年生蔬菜，土壤中某些微量元素常出现缺乏，缺铁时叶片失绿，呈鲜黄色或淡白色，失绿部分的叶片上无霉状物，叶片外形无变化，一般出苗后 10 天左右开始出现症状；缺硼时整株失绿，发病重时叶片上出现明显的黄白两色相间的长条斑，最后叶片扭曲，组织坏死，发病也出现在出苗后 10 天；缺铜时发病前期生长正常，当韭菜长到最大高度时，顶端叶片 1 厘米以下部位出现 2 厘米长失绿片段，酷似干尖，一般在出苗后的 20～25 天开始出现症状。

（三）韭菜施肥技术

韭菜施肥以有机肥为主、化肥为辅，有机肥以腐熟的牛粪、鸡粪、猪粪为主，增施磷钾肥，适当补充微肥的平衡施肥原则。

1. 基肥 播前每亩撒施生物有机肥 300～400 千克，饼肥 100千克，腐熟的牛粪 3 000～6 000 千克，复合肥 50 千克，播前土壤深耕 20 厘米以下，耕后细耙，整平做畦。

2. 追肥 一般分三个时期，结合浇水进行。

（1）苗期。一般结合浇水，每亩冲施生物菌肥 200 千克左右。同时用 0.6% 苦参碱 100 毫升，兑水 40～60 升喷雾防治韭蛆。

（2）扣棚前。每亩沟施硫酸钾型复合肥（19-12-16）30～50 千克，10 天左右浇水一次。如发现韭菜叶片失绿过多，应适当添加含铁的微量元素。

（3）收获期（扣棚后）。扣棚后 35 天左右即可收割韭菜，在收割前 2～3 天灌一次水，然后割头茬韭菜供应元旦市场，割后要及时中耕和清除杂草，晾晒 2～3 天后，再顺垄结合浇水，每亩追施大量元素冲施肥 10 千克，然后扣棚。第 2 茬收割后天气转暖，韭菜长势较弱，应立即随水冲施大量元素冲施肥每亩施用 10 千克，养根壮棵，为第 3 茬打下丰产基础。

五、洋葱施肥技术

（一）洋葱生物学特性和条件要求

洋葱属百合科葱属二年生草本植物，原产中亚和地中海沿岸。

洋葱对土壤的适应性较强，但以肥沃、疏松、保水保肥力强的中性壤土为宜。适宜的土壤 pH 为 6～8。在砂质壤土上易获得高产，但黏壤土上的产品鳞茎充实，色泽好，耐贮藏。洋葱根系入土深度和横展范围仅为 30～40 厘米，主要根层集中在 20 厘米以上的表土层，无主根，根分枝力弱，无根毛。洋葱根系的吸肥能力较弱，对土壤营养条件要求较高。

（二）洋葱的营养和需肥特点

洋葱幼苗期干物质积累极为缓慢，鳞茎开始膨大，各器官快速生长，至鳞茎膨大期，根、假茎、叶片干物质积累量达最大值，之后因植株衰老，干物质积累量降低，但鳞茎仍显著增加；洋葱收获时，根、假茎、叶片及鳞茎的干物质分别占全株干重的 0.5％、3.3％、13.9％和 80.8％。由此可见，洋葱整个生育期内鳞茎的干物质积累量最大，根的积累量最小。

洋葱苗期对氮、磷、钾的吸收积累量量较少；洋葱发棵期，氮、磷、钾吸收量迅速增加；鳞茎膨大期对氮磷钾的吸收积累速率减缓，但积累量仍增加，收获前因植株衰老，茎叶逐渐枯黄，氮钾积累量略有下降。洋葱不同生育期对氮磷钾的吸收速率和吸收量显著不同。幼苗期氮磷钾的吸收速率较低，吸收量仅分别占全生育期吸收量的 4.7％、3.2％和 3.3％，对 N、P_2O_5、K_2O 吸收比例为 1：0.27：0.64；而旺盛生长期则迅速增加，氮、磷、钾的吸收量最大，分别占全生育期的 92.7％、91.0％、71.8％，对 N、P_2O_5、K_2O 吸收比例为 1：0.39：0.71；鳞茎膨大期对氮磷钾的吸收速率减缓，对氮、磷、钾的吸收量分别占全生育期的 2.5％、5.8％、24.9％，对 N、P_2O_5、K_2O 吸收比例为 1：0.92：9.04。可见，洋葱生长前期，对氮的吸收比例较高，随着生长的进行，磷钾比例增加，特别是鳞茎膨大期，洋葱对钾的吸收比例远超过氮。但从全生育期看，洋葱以吸收氮素较多，钾素次之，磷素较少，其吸收比例为 1：0.40：0.92。每生产 1 000 千克洋葱鳞茎，分别从土壤吸收 N、P_2O_5、K_2O 为 2.9、1.2 和 2.7 千克。

（三）洋葱施肥技术

洋葱施肥应根据其对氮磷钾的吸收分配规律和氮磷钾的生理作用进行。氮素宜在翌春植株返青后及早追施，以促进同化系统的快速形成；磷的肥效迟缓，宜做基肥及早施用，以促进根系生长，增强植株耐寒性，保证幼苗安全越冬；钾肥宜在叶部旺盛生长期追施，以促进同化产物向鳞茎的运输。具体使用方法如下：

1. 基肥　整地时要深耕，耕翻深度不少于 20 厘米，地块要平整，便于小水灌溉而不积水。一般中等肥力田块每亩施优质腐熟有机肥 3 000 千克或商品有机肥 200 千克、磷酸二铵 15～20 千克、尿素 10～15 千克、硫酸钾 15～20 千克作基肥。栽植方式宜采用平畦栽培，一般畦宽 0.9～1.2 米（视地膜宽度而定），沟宽 0.4 米，便于操作。覆膜可提高地温，增加产量。覆膜前将地块灌透水，土壤稍干后随耙随覆膜，以利保墒，膜边要压严实。

2. 追肥　第一次追肥在 3 月上旬，随着气温逐渐升高，洋葱开始进入长叶盛期，叶片数迅速增多，叶面积迅速扩大，此时管理的重点是促进叶部的旺盛生长，为鳞茎膨大奠定基础，随水施用尿素 8～10 千克、硫酸钾 12～15 千克。第二次追肥在 4 月上旬，追施膨头肥，随水施用尿素 8～10 千克、硫酸钾 8～10 千克，以利葱头迅速膨大。第三次追肥在 4 月下旬，追施膨大肥，随浇水亩追施尿素 8～10 千克、硫酸钾 4～6 千克，以利葱头充实。在葱头膨大期要小水勤浇，保持土壤不过干，利于葱头膨大，严防大水漫灌、田间积水，导致根系缺氧死亡、早衰倒秧。

第六节　其他蔬菜施肥技术

一、菜花施肥技术

（一）菜花生物学特性和条件要求

菜花属于十字花科，收获物为发达的花球。菜花根系发达，主根入土深度达 50 厘米以上，主要根系分布于 0～35 厘米土层，根系的再生能力较强，可以育苗移栽。其茎比较粗壮，稍短缩，经发育抽生花茎，顶部着生肥大花球，由肥嫩多汁的主轴、短缩肥嫩的 50～60 个肉质花梗组成。

菜花对土壤的适应性较强，生长发育过程要求充足的水分。育苗期间土壤水分适宜，幼苗生长快。花球形成期间，土壤干旱易发生散球。适宜土壤相对含水量为 70%～80%，空气相对湿度为 80%～90%。在土体深厚，富含有机质，保水保肥、排水良好的土壤上种植较为适宜。

（二）菜花的营养和需肥特点

和其他蔬菜相比，菜花生长发育需要消耗更多的养分。一般来说，每生产 1 000 千克菜花产品约需纯氮 13.4 千克，五氧化二磷 3.9 千克，氧化钾 9.6 千克，吸收比例为 1：0.3：0.7，不同品种和种植条件略有差别。养分不足，植株生长不良，花球也小。菜花对氮肥需求最多，在花球形成前对氮反应尤其敏感。菜花对钾、钙、硼、镁、钼等元素需求相对较多，缺乏时会表现出典型症状。如缺乏钾素，易发生黑心病；缺钙时，幼叶畸形、皱缩，叶尖萎缩，叶尖叶缘枯焦致死；缺硼花茎中心开裂，花球变为锈褐色，味道变苦。缺镁时，老叶易变黄，脉间失绿，降低或失去光合作用能力。缺钼时叶片卷曲，斑驳失绿，严重时叶片呈条型、沿叶脉分开，俗称"鞭尾病"。

菜花在不同的生长期，对养分的需求不同，未出现花蕾前，吸收养分少。定植后 20 天左右，随着花蕾的出现和膨大，植株对养分的吸收速度迅速增加，一直到花球膨大盛期。花蕾发育期和花球膨大期是形成产量两个关键时期，也是养分供应的重要时期，此期缺肥会严重影响产量，必须保证充分的养分供应。

（三）菜花施肥技术

菜花施肥，应做到有机无机配合，基肥追肥结合，氮、磷、钾等养分平衡施用，有针对性补充中微量元素。对亩产 2 500 千克的中等肥力地块，需要施用纯氮 20～23 千克，五氧化二磷 6～8 千克，氧化钾 11～14 千克，建议施肥方案如下，对其他产量水平，可根据产量的增减幅度，对施肥量做相应增减。

1. 基肥　新建菜地建议亩施有机肥 4 000 千克以上，连续多年菜田施有机肥 2 500 千克。配施尿素 15～20 千克、硫酸钾 10～15 千克、过磷酸钙 20～30 千克（或磷酸二铵 8～10 千克，）也可直接配施 20-10-15 复混肥 40～50 千克。有机肥施用数量较多的地块，可适量减少化肥的用量。

2. 追肥　一般分三个时期，可结合浇水进行。

（1）莲座期追肥。菜花缓苗后生长进入莲座期，在施足底肥的基础上，再亩施尿素 10 千克，硫酸钾 5～6 千克。

（2）第一次结球肥。花球直径增至 3 厘米左右时，追第一次结球肥：追高氮高钾冲施肥 20～25 千克。

（3）第二次结球肥。在结球中期进行，追高氮高钾冲施肥 15～20 千克。晚熟品种还需要追第三次结球肥，用量与第二次相同。

3. 叶面追肥　如果在菜花生长发育期间，出现缺素症状，尤其是中微量元素，可适当喷施中微量元素水溶肥料，一般稀释 500 倍液，从莲座期开始喷施，一般间隔 7～10 天，喷施 2 次即可。喷施时应选择无风的上午，注意喷施均匀。

二、菜豆施肥技术

（一）菜豆的生物学特性和条件要求

菜豆又名芸豆、四季豆等，为豆科植物。根系较发达，主根入土较深，有较强的抗旱能力。其根系可结瘤，具有固氮能力。出苗后 20 天，主侧根上开始形成根瘤，开花结荚期是根瘤形成的高峰期，以后逐渐减少。菜豆生长所需要的氮素，约有 2/3 是由根瘤菌吸收空气中的氮所提供。

菜豆是典型的自花授粉作物，属于喜温性蔬菜，不耐高温，不耐霜冻。幼苗期适宜气温 18～20℃，开花结果期适宜气温 18～25℃，低于 15℃ 或高于 30℃ 均易发生落花落荚现象。

菜豆对光照强度要求严格，强光照有利高产。光照太弱，种植易徒长。喜中度湿润的环境条件，不耐旱也不耐涝，开花期对土壤水分反应最为敏感。适宜土壤含水量为60%～70%，最适空气湿度65%～75%。菜豆以生长在疏松肥沃、排水和透气性良好的壤土和沙壤土为好。黏重地或低洼多湿地因排水通气不良，有碍于根系吸收养分和生长，也影响根瘤菌的繁殖，而且易发生炭疽病，引起落叶，造成减产。菜豆耐盐碱的能力较差，不适合在石灰性碱性土壤上生长，尤其不耐含氯离子的盐类，当土壤含盐量达到1.5克/千克时，植株发育不良。

（二）菜豆的营养和需肥特点

菜豆生育期中吸收氮钾较多，每生产1 000千克菜豆需要氮（N）3.37千克、磷（P_2O_5）2.26千克、钾（K_2O）5.93千克。菜豆根瘤菌不甚发达，固氮能力较差，合理施氮有利增产和改进品质，但氮过多会引起落花和延迟成熟。对磷肥的需求虽不多，但缺磷使植株和根瘤菌生长发育不良，开花结荚减少，荚内子粒少，产量低。钾能明显影响菜豆的生长发育和产量。微量元素硼和钼对菜豆的生长发育和根瘤菌的活动有良好的作用，适量施用钼酸铵可以提高菜豆的产量和品质。矮生菜豆生长发育期短，从开花盛期起就进入旺盛生长期，所以宜早期追肥，促早发，开花结果多。蔓性菜豆生长发育比较缓慢，大量吸收养分的时间开始也迟，从嫩荚伸长起才旺盛吸收，生育后期仍需吸收多量的氮肥，所以更应后期追肥，防止早衰，延长结果期，增加产量。菜豆喜硝态氮，铵态氮多时影响生育，植株中上部叶子会褪绿，且叶面稍有凹凸，根发黑，根瘤少而小，甚至看不到根瘤。

（三）菜豆施肥技术

菜豆施肥原则：增有机、调盐分、防红根、稳氮、控磷、补钾、补微，配施生物肥，适当减少氮肥比例，促根壮秧保花增荚。

1. 基肥方案

（1）5年以内的大棚，亩施充分腐熟的有机肥4～6米³，也可提前将粉碎玉米秸秆、畜禽粪、酵素菌混合沤制。5 年以上的多年大棚，如果有机质含量达到 40 毫克/千克以上，亩施充分精制商品有机肥 300～400 千克。

（2）提倡施用生物有机肥。在已经产生连作障碍的土壤上，建议施用生物有机肥 100～150 千克，连作菜豆根系发育正常，白根多，菜豆红根病也明显减轻。可明显减轻根结线虫、根腐病、次生盐渍化等危害，增强根系活力。生物有机肥，建议 2/3 地面撒施，耕翻混匀，1/3 施于种植带。

（3）施用配比合理的专用配方肥。3 年以内新棚，亩施 15-18-12 的硫酸钾配方肥 50 千克，磷酸二铵 50 千克，4～5 年棚，磷酸二铵减为 25 千克。5 年以上多年老棚，可施 15-18-12 或 15-20-10 的高浓度硫酸钾配方肥 50 千克。

（4）适当配施中微量元素肥料。一般每亩可配施中微量元素肥料或含钙土壤调理剂 25～50 千克。与基肥混合施用，隔年施用一次。

2. 追肥方案　菜豆结荚期较长，但根系吸肥能力弱，每次的追肥量不宜过大，应掌握轻施勤施、少量多次的原则。

（1）苗期。一般不追化肥，育苗移栽时，每亩用 2 千克微生物菌剂穴施，以刺激根系生长，提高缓苗成活率。定植后如苗情较弱，可随浇稳苗水追施尿素 7.5～10 千克。

（2）开花结荚期。菜豆定植后至初花期以促棵壮秧为主，一般不浇水施肥，防止形成旺秧或弱苗。如果墒情较差，可在植株长到 1 米左右时，轻浇 1 次清水。之后，直至坐住荚前不再浇水施肥。当荚大部分坐住，长到 7 厘米左右时，开始追肥。结荚初期，植株生长量和结荚数还不多，浇水施肥量不要太大，切忌偏施氮肥。一般每亩用黄腐酸水溶肥 10 千克，三元复合肥 10 千克即可。

（3）结荚盛期。原则浇一次水，顺水追肥 1 次，每亩用高水溶性三元复合肥 15～20 千克（或 20-10-30 高效水溶肥 7.5 千克），10～15 天一次。也可与生物水溶肥、黄腐酸水溶肥、三元复合肥轮换冲施。

3. 叶面施肥 根据菜豆长势，可用磷酸二氢钾，或氨基酸叶面肥、硼钙肥或锌硼钼的螯合态多元微肥等与农药混合，进行叶面喷施。经验证明，0.01%的钼酸铵加1%葡萄糖或1毫克/千克的维生素 B_1 溶液叶面喷雾，可提高产量。

第三章　病虫害综合防治技术

第一节　蔬菜病虫发生特点及安全用药技术

一、蔬菜病虫发生主要特点

山东省蔬菜病虫害发生特点：一是种类繁多，主要发生种类120多种。二是病虫发生代次多，再侵染频繁。许多作物可以一年多季生产，重茬连作多，病虫源积累多。保护地一年四季均有适宜有害生物发生危害的寄主植物。造成许多害虫代代繁衍危害，大量病菌繁衍重复侵染。例如菜蚜在山东省一年发生 10～30 代，粉虱一年发生 10 余代；绝大多数病源菌只要条件适宜，都可连续重复侵染。三是抗药性发展快，防治难度大。世界上已发现 500 多种害虫产生了抗药性。目前，我国已有 50 多种重要农业有害生物对农药产生了抗性，其中害虫（螨）超过 30 种，植物病原菌 20 种，杂草 7 种。菜青虫、小菜蛾等对菊酯类农药和阿维菌素类农药抗性严重。蔬菜上许多病害对百菌清、瑞毒霉（甲霜灵）、瑞毒霉·锰锌、杀毒矾、克霉威、异菌脲等农药产生了不同程度的抗药性。抗性产生的原因主要是过度使用和滥用，导致化合物与靶标位点的相互作用被损坏，降低或丧失防治效果。四是保护地病虫害发生严重。大棚、温室一经建成，不易挪动。棚室内种植蔬菜的品种单一，轮作换茬困难，土壤中病菌逐年积累，数量增多，各种土传病害如枯萎病、线螨、疫病等，随着连作年限的增加病情逐年加重，如黄瓜枯萎病，从零星发病到普遍发生，只需 4～5 年的时间。大棚、温室密闭条件好，棚内水分不易散失，温度高，昼夜温差大。夜间棚内温度下降 1℃，湿度就会提高 3.5%～4.5%，使植株表面长时间结露，有利于多种病害发生。如霜霉病、灰霉病等。大棚、温室为病虫提供良好的越冬场所。许多病虫在大棚、温室随蔬菜生产而常年繁殖危害。如温室白粉虱在露地不能越冬，但在棚室内周年发生，成为重要害虫。

山东省蔬菜主要病害有霜霉病、灰霉病、炭疽病、细菌性角斑病、枯萎病、菌核病、疫病、白粉病、根结线虫病、叶霉病、早疫病、晚疫病、青枯病等；主要虫害有烟粉虱、温室白粉虱、蚜虫、红蜘蛛、斑潜蝇、蓟马、螨虫、棉铃虫等。

二、蔬菜病虫综合治理及安全用药技术

防治菜田病虫害，应本着安全、有效、经济、简便的原则，通过采取绿色控害技术，对蔬菜主要病虫进行综合治理，控制病虫危害损失在经济允许水平以下，并确保质量、环境和生态安全。

（一）科学使用化学农药

化学农药防治病虫害是综合防治中的主要措施之一，目前任何国家还不能完全放弃化学防治，关键问题是要做到科学用药，达到既能有效地防治病虫害，又把化学农药的副作用降低到最低水平，使生产的蔬菜成为社会需要、市场欢迎的放心菜。

第一，要加强对农民的培训，提高农药使用者素质。安全用药是通过使用者实现的。我们目前的使用者主要是农民。现阶段农民队伍存在问题的严重程度有目共睹。要通过各种措施和手段，使农民识病、认虫、知药，懂得国家规定的农药使用规则，并指导监督其按规则使用农药。争取逐步做到不经培训不能施药，进而实现持证施药。发达国家都是实行持证施药的。

第二，指导农民选用对路农药。农民面对复杂的农药市场力不从心。近年来随着农药工业的飞速发展，新品种不断涌现，令人目不暇接。目前，全球上市的农药品种 600 多个，我国登记生产 260 余个原药品种，登记生产企业 2 000 多家，20 000 多个制剂品种，还有很多有农药功能的化学品没有被登记。农药用量大，2012 年

山东省年农药使用量 7.8 万吨，折百 2.6 万吨，其中杀虫剂 3.5 万吨，折百 0.9 万吨，杀菌剂 1.98 万吨，折百 0.96 万吨，除草剂 1.78 万吨折百 0.56 万吨，植物生长调节剂 1.3 万吨，折百 328 吨，杀螨剂 0.36 万吨，折百 1 702 吨。国家制定了多部相关的法规政策，严禁使用剧毒、高毒、高残留的农药，蔬菜生产严禁使用六六六、滴滴涕、毒杀芬、二溴氯丙烷、杀虫脒、二溴乙烷、除草醚、艾氏剂、狄氏剂、汞制剂、砷、铅类、敌枯双、氟乙酰胺、甘氟、毒鼠强、氟乙酸钠、毒鼠硅、甲胺磷、甲基对硫磷、对硫磷、久效磷、磷胺、苯线磷、地虫硫磷、甲基硫环磷、磷化钙、磷化镁、磷化锌、硫线磷、蝇毒磷、治螟磷、特丁硫磷、氯磺隆、胺苯磺隆单剂产品、甲磺隆单剂产品、福美胂、福美甲胂、百草枯等农药。除此之外，限制使用的农药有：甲拌磷、甲基异柳磷、内吸磷、克百威、涕灭威、灭线磷、硫环磷、氯唑磷、溴甲烷、氧乐果、氟虫腈、溴甲烷、氯化苦、毒死蜱、三唑磷、2,4-滴丁酯、氟苯虫酰胺、克百威、甲拌磷、甲基异柳磷、磷化铝。近期，拟禁用的农药：如胺苯磺隆复配制剂、甲磺隆复配制剂，自 2017 年 7 月 1 日起禁止在国内销售和使用；三氯杀螨醇，自 2018 年 10 月 1 日起，全面禁止销售、使用。抗蚜威是防治蚜虫的特效药，防治麦蚜每亩只用 6~8 克，但对棉蚜无效，因瓜蚜与棉蚜是同一种，故对瓜菜上的蚜虫无效。溴氰菊酯类药剂对多种害虫防效良好，但对螨类防效很差。如此复杂局面，农民难以应付，所以需要有关部门加强技术指导，帮助农民科学选用对路农药。

　　第三，严格遵守国家农药安全使用规则。国家对所有农药都规定了在每种作物上每亩次常用量、最高施药量、最多施用次数、施药方法和安全间隔期，生产中应严格执行。特别是安全间隔期就是最后一次用药距收获的天数。国家对多种农药都做了明确的规定，严格遵守这一规定，不论使用那类农药，都能保证农药残留符合国家规定标准。要熟悉国家规定，要求在用药前就要掌握这些规定。

表 3-1　国家规定的蔬菜上部分常用农药安全使用标准

农药名称	含量剂型	应用作物	亩用药量（克）	最后一次施药离收获的天数	最多使用次数
抗蚜威	50%可湿性粉剂	叶菜	10～30	施1次6天，3次11天	3
功夫（三氟氯氰菊酯）	2.5%EC	叶菜	25～50	7天	3
顺式氰戊菊酯	10%乳油	黄瓜	5～10	3天	2
氰戊菊酯	20%乳油	叶菜	15～40	夏菜5天 秋菜7天	3
氯氰菊酯	10%乳油	叶菜	20～30	白菜5天，青菜2天	3
		番茄	20～30	1天	2
喹硫磷	25%乳油	叶菜	60～100	施1次9天，2次24天	1～2
甲霜灵·锰锌	58%可湿性粉剂	黄瓜	75～120	1天	3
百菌清	75%可湿性粉剂	番茄	145～270	7天	3
杀毒矾·锰锌	64%可湿性粉剂	黄瓜	110～130	3天	3
乙酰甲胺磷	40%可湿性粉剂	白菜	125	7天，秋冬季9天	2

　　为防止和减缓病虫对农药产生抗性，要交替和轮换使用农药，同一种类农药不要在同一种作物上连续使用，在选择农药时，应注意选用化学结构不同、有效成分不同、作用机制不同以及有负交互抗性的农药品种。如防治菜蚜要选用抗蚜威和乐果及菊酯类农药交替轮换使用。要选择使用合适的农药剂型和合理的施药方法，对于保护地蔬菜，要尽量选用粉剂、烟雾剂、可湿性粉剂等剂型，与乳剂喷雾相比，不仅能有效地防治靶标病虫，而且不增加棚内湿度，还能减少多种病害的传播与感染。防治要考虑到有害生物的生长规律和农药的性能两个因素，不同的病虫、同一种病虫不同的发育阶

段抗药能力不同。一般蛹期、卵期抗药力强，同一种虫态，如幼虫，一般 3 龄以上抗药力强，钻蛀性害虫要在钻蛀前用药。如果使用保护性杀菌剂必须在病菌未侵入前施用。

要合理混用农药。农药的混用技术性、科学性强，不能简单地将两种药混在一起，否则，容易发生物理、化学变化，影响防效，产生药害。农药混配要以能保持原药有效成分或有增效作用，不产生化学反应并保持良好的物理性状为前提。采用混合用药技术，达到一次施药控制多种病虫危害的目的。农药混用要遵循下面原则：一是混合后不发生不良的物理化学变化；二是混合后对作物无不良影响；三是混合后不能降低药效。田间的现配现用应当坚持先试验后混用的原则。

要科学使用植物生长调节剂。蔬菜上尽量不用或少用激素类制剂，使用植物生长调节剂时，要严格按规定用量、应用次数，以确保人的身体健康不受损害。

（二）优先采用生物防治

生物防治在生产上主要是利用天敌和生物农药。利用天敌如七星瓢虫能消灭蚜虫，姬小蜂寄生斑潜蝇等；还可以利用无毒害的天然物质防治病虫害，如草木灰浸泡液防治蚜虫，米醋兑水防治茄果类病毒病和大白菜软腐病。

应用生物农药是蔬菜病虫害生防的主要手段。生物农药是直接利用生物活体或生物代谢过程中产生的具有生物活性的物质或从生物体提取的一类药剂，与常用化学农药相比，不但具有良好的防治效果，而且无残留、无污染，病虫不易产生抗药性，对人畜安全，对天敌杀伤小。目前山东省生产中常用的生物药剂主要有：白僵菌、绿僵菌、苏云金杆菌（Bt）、淡紫拟青霉、井冈霉素、多氧霉素、中生菌素、宁南霉素、浏阳霉素、农抗"120"、武夷菌素、天然除虫菊素、韶关霉素、新植霉素、烟碱、藜芦碱醇、氟虫脲（卡死克）保等，应优先选用。

（三）注重采用农业措施

不同种类的蔬菜实行 2～3 年轮作换茬；选用优良的抗病品

种；对蔬菜种子进行播前消毒处理，减少种子带菌；加强田间管理，注意清洁田园，定植前清除病株杂草，减少病虫基数；使用嫁接苗防治土传病害；适时播种，及时中耕，茄果类蔬菜及时搭架整枝，以利通风透光，摘除老叶病叶，带出田外集中销毁，减少病源；适当增施磷钾肥，及时采收，防止因损伤而造成采后的产品污染。

（四）大力推广物理防治技术

利用害虫的趋光、趋色、趋味特性，诱杀害虫。频振式杀虫灯可诱杀 6 目 29 科 230 种害虫，其中 129 种为主要害虫，对蔬菜田甜菜夜蛾、棉铃虫等主要害虫有较高的诱杀作用。黄蓝板可诱杀蚜虫、白粉虱等，40 目防虫网覆盖保护地大棚通风口，30 目防虫网作全网式大棚，蔬菜生产中要优先选用这些先进技术。

第二节　茄果类蔬菜病害防治技术

一、番茄早疫病

1. 主要症状　该病侵害叶、茎、果实各个部位，以叶片和茎叶分枝处最易发病。病害一般多从下部叶片开始发生，逐渐向上扩展。叶片上最初可见到深褐色小斑点，扩大后呈圆形或近圆形，外围有黄色或黄绿色的晕环，病斑灰褐色，有深褐色的同心轮纹，有时多个病斑连在一起，形成大小不规则病斑。茎叶分枝处发病，病斑椭圆形，稍凹陷，也有深褐色的同心轮纹，潮湿时，病斑表面生灰黑色霉状物，即病菌的分生孢子梗和分生孢子。植株易从病处折断。幼苗在近地面茎基部生环状病斑，黑褐色，引起幼苗枯倒。果实发病在果蒂附近形成圆形或椭圆形暗褐病斑，表面凹陷，有轮纹，生黑色霉层，病果易开裂，提早变红。

病菌主要以菌丝和分生孢子随病残体在土壤中或附着在种子上越冬，成为第二年的初侵染源。病菌通过气流、雨水进行再侵染，高温高湿的天气有利于病害发生，当气温在 20～25℃，连续阴雨，或空气相对湿度高于 70％，病害易流行。病害多在结果初期开始发生，结果盛期病害加重。田间管理差，植株脱肥，不及时排水，或种植过密、株间湿度大，病害均重。

2. 防治技术

（1）与非茄科作物进行 3 年以上的轮作。

（2）选用抗（耐）病品种。

（3）加强栽培管理。采用起垄高畦铺膜栽培，及时摘除脚叶、病叶、病果，适当整枝、疏叶，利于通风透光。施足基肥，增施磷钾肥，提高植株抗病力。

（4）药剂防治。发现零星病株即全田喷药防病。可用药剂有：80％代森锰锌可湿性粉剂 800 倍液，70％安泰生（丙森锌）可湿性粉剂 500 倍液，68.75％易保水分散性粒剂 1 250 倍液，75％百菌清可湿性粉剂 600 倍液，50％扑海因（异菌脲），可湿性粉剂 1 000 倍液，58％甲霜灵·锰锌可湿性粉剂 500 倍液，47％加瑞农（春雷·氧氯铜）可湿性粉剂 800～1 000 倍液。以上药剂可根据具体情况轮换交替使用。早疫病防治必须要早，一般 7 天左右防治 1 次，连续防治 5 次左右。

二、番茄叶霉病

1. 主要症状　主要为害叶片，严重时也为害茎、花、果实等。叶面出现椭圆形或不规则形淡黄色病斑，叶背面病斑上长出灰紫色至黑褐色的绒状霉层，是病菌的分生孢子梗和分生孢子。条件适宜时，病叶正面也长出霉层。病害严重时可引起全叶卷曲，植株呈现黄褐色干枯。果实染病，果蒂附近形成圆形黑色病斑，硬化稍凹陷，不能食用。嫩茎及果柄上的症状与叶上相似。

病菌随病残体或在种子上越冬，第二年条件适宜时产生分生孢子借气流传播。冬季病菌在保护地番茄上可继续繁殖为害，直接传播到苗床或露地番茄上为害。病菌发育的最适温度为 20～25℃，相对湿度 80％以上。一般地势低洼，通风不良，种植过密的地块，多雨高湿，病害发生严重。

2. 防治技术

（1）选用抗病品种。

（2）选无病种子或进行种子消毒。可用 52% 温汤浸种 30 分钟，晾干备用。

（3）与瓜豆类蔬菜实行 3 年轮作。

（4）加强栽培管理，增施磷、钾肥提高植株抗病性，雨季及时排水，降低田间湿度。

（5）发病初期喷药防治。喷药前先摘除病叶，带出田外集中处理。药剂可用 40% 福星（氟硅唑）乳油 8 000 倍液，或 20.67% 万兴（噁酮•氟硅唑）乳油 2 000 倍液，或 47% 加瑞农可湿性粉剂 600～800 倍液，或 30% 特富灵（氟菌唑）可湿性粉剂 1 500 倍液，或 70% 甲基硫菌灵可湿性粉剂 800 倍液，或 75% 百菌清可湿性粉剂 600～800 倍液，或 12% 绿乳铜（松脂酸铜）乳油 400 倍液喷雾，每隔 7～10 天喷 1 次，共喷 3～5 次。

三、番茄脐腐病

1. 主要症状　脐腐病只为害果实。初期在幼果脐部即花器残余及其附近，出现水浸状斑点，暗绿色，后病斑逐渐扩大，直径 1～2 厘米，呈褐色或黑褐色，病斑凹陷，果实顶部呈扁平状，一般不腐烂，提早变红，潮湿条件下，病部腐生墨绿色或粉红色霉。水分供应失调是发病的主要原因。根部缺水，不能满足叶片大量蒸腾的需要，引起果肉组织坏死，形成脐腐果。土壤板结，碱性过大，施用未腐熟的肥料，或施肥过多引起烧根，田间管理不善，也有认为植株缺钙，失去控制水分的能力而发生脐腐。幼果和未成熟的果实容易发病。前期灌水过多，后期缺水，植株骤然受旱的情况下容易发病。

2. 防治技术

（1）保持土壤水分稳定，减少土壤中钙质养分流失。

（2）适时灌水，尤其是结果期更需要水分供应均衡，应细水慢灌。

（3）科学施肥。施足腐熟的有机肥，增施磷、钾肥。番茄坐果期，每隔 10～15 天，叶面喷施 1‰过磷酸钙浸出液。或 0.2‰磷酸二氢钾水溶液，或 0.1‰氯化钙水溶液，连喷 2 次。结合中耕松土，每亩撒施草木灰 200 千克，施于 7～8 厘米土层内，改善土壤透气透水性，增强植株抗病力。

四、甜（辣）椒疫病

1. 主要症状　全生长期都可被害，以成株期为主。苗期发病易引起幼苗猝倒。成株期叶片发染，初现水浸状圆形或近圆形病斑，边缘黄绿色，中央暗绿色，湿度大时迅速扩大，病斑上可见到白霉，病部软腐，病斑干后呈淡褐色；茎和侧枝受害，病斑初为水浸状，后出现褐色或黑褐色条斑，病部以上枝叶迅速凋萎。病株常从病处折断。果实多从蒂部开始发病，出现暗绿色水浸状斑，迅速变褐软腐。湿度大时果面生污白色霉。病菌以卵孢子随病残体在土壤和粪肥中越冬。靠雨水、灌溉水飞溅或流动传播。进入雨季后，病部产生大量孢子囊还可经气流传播，造成病害流行。病菌发育的适宜温度为 30℃，在 10～37℃范围内均可生长发育。高温、多雨、高湿的季节，特别是暴雨或大水漫灌后易发病流行。积水的菜地，定植过密，通风透光差，重茬地病害重。

2. 防治技术

（1）选无病土育苗，实行 3 年以上轮作。轮作作物以豆科、十字花科蔬菜为好。

（2）平整土地，开好排水沟，防止田间积水。高畦栽培，铺地膜，禁止大水漫灌。进入雨季后控制浇水，防止田间湿度过高。

（3）选用抗（耐）病品种，合理密植。

（4）药剂防治。种子用 72.2‰普力克（霜霉威）水剂 1 000 倍液，或 20‰甲基立枯磷乳油 1 000 倍液浸种 12 小时，捞出后清水洗净，催芽播种。田间初发病时，可用 46.1‰可杀得水分散性粒剂 1 500 倍，或 72.2‰普力克水剂 400～600 倍液浇灌，每平方米浇 2～3 升药液。用 72‰克露（霜脲·锰锌）可湿性粉剂 800 倍液，或 52.5%抑快净（噁酮·霜脲氰）水分散性粒剂 2 500 倍液喷雾。每 7～10 天 1 次，连续 2～3 次。在以茎基部腐烂为主的病田，可在浇水前，每亩用硫酸铜粉 2 千克撒匀地面后立即灌水。

五、甜椒病毒病

1. 主要症状 病叶上呈现明显浓绿与浅绿相间的花叶症，有的品种在叶上出现褐色坏死斑，自叶片主脉沿叶柄、茎秆上发生坏死条斑、落叶、落花、落果，以致整株枯死；叶片畸形丛生，叶片增厚，变窄呈线状，茎节间缩短，枝条丛生，后期植株矮化，果实上呈现深绿和浅绿相间的花斑，有疣状突起，病果畸形，易脱落。病毒靠蚜虫或接触及伤口传播，整枝打杈等农事操作可传染。此外，定植晚、连作地、低洼及缺肥地易引起病害流行。

2. 防治技术

（1）选用抗病品种。

（2）种子用 10%磷酸三钠浸种 30 分钟，后用清水洗净。

（3）防治蚜虫。

（4）加强栽培管理。可 4～8 行甜椒套 1 行玉米，或隔 4 行，待甜椒封垄后砍去玉米。玉米可阻挡蚜虫迁飞传毒，还可遮阳，减轻病毒病发生为害。

（5）用 83 增抗剂 100 倍液在苗床喷 2 次（1 次为 2 叶期，1 次在定植前 1 周），定植缓苗后 7 天喷 1 次，或定植前 10 天、缓苗后、结果期各喷 1 次 0.1%硫酸锌溶液，或用"912"钝化剂 2 000 倍浸出液于定植后，初果期、盛果期早、晚喷雾。

六、辣椒炭疽病

1. 主要症状 叶片被害，先出现水浸状褪绿斑，渐变成褐色，近圆形，病斑中间为灰白色，上面轮生小黑点，病叶易脱落。果实被害，表面初生水浸状黄褐色病斑，扩大成长圆形或不规则形，凹陷，有稍隆起的同心轮纹，病斑边缘红褐色，中间灰色或灰褐色，轮生小黑点。潮湿时病斑上产生浅红色黏稠物质，干燥时病斑干缩，呈膜状，破裂。果柄受害呈褐色凹陷斑，不规则形，干燥时常开裂。病菌随病残体在田间越冬，种子也可以带病，成为第二年的初侵染源。分生孢子借风雨传播蔓延，病菌多从伤口侵入。发病最适温度27℃（12～33℃），孢子萌发要求相对湿度在95％以上，若低于54％，则不发病。高温多雨，排水不良，种植过密，氮肥过多，通风不好发病加重。

2. 防治技术

（1）种植抗病品种。

（2）种子用55℃温水浸种，恒温30分钟，移入冷水冷却，晾干后播种，或先将种子在冷水中预浸10～12小时，再用1％硫酸铜液浸种5分钟，或用50％多菌灵可湿性粉剂500倍液浸1小时。

（3）与瓜、豆类蔬菜轮作2～3年。

（4）加强田间管理，避免种植过密，田间注意排水。

（5）发病初期喷药防治，可用20.67％万兴乳油2 000倍液，或55％升氏（50％多菌灵＋5％氟硅唑）可湿性粉剂1 000倍液，或80％炭疽福美可湿性粉剂800倍液，或75％百菌清可湿性粉剂800倍液，或70％甲基硫菌灵可湿性粉剂800倍液，每隔7～10天喷1次，连续防治2～3次。

第三节　瓜类蔬菜病害防治技术

一、瓜类白粉病

白粉病是黄瓜、西葫芦、南瓜、甜瓜等瓜类作物的主要病害。

1. 主要症状　白粉病主要发生在叶片上，其次是茎和叶柄上。初期叶片上出现白色小粉点，逐渐扩大呈圆形白色粉状斑，条件适宜时病斑扩大蔓延，连接成片，成为边缘不整齐的大片白粉斑区，并可布满整个叶片，后呈灰白色，有时病斑表面产生许多小黑点，一般不落叶。病菌随残体病株留在土壤或保护地的瓜类寄主上越冬，成为第二年的初侵染源。病菌靠风雨、气流、水溅传播蔓延。

病菌孢子对湿度的适应性较强，相对湿度25％条件下也能萌发。病菌孢子萌发最适宜的温度为20～25℃。30℃以上，－1℃以下，孢子很快失去活力。保护地瓜类白粉病重于露地，施肥不足，土壤缺水，氮肥过量，灌水过多，发病重，田间通风不良、湿度增高有利于白粉病发生。

2. 防治技术

（1）选用抗病品种。一般抗霜霉病的品种也抗白粉病。

（2）加强田间管理。注意通风透光，施足底肥及时追肥，合理浇水，防止植株徒长和早衰。

（3）大棚、温室等保护地瓜类定植前，先用硫黄粉或百菌清烟剂灭菌。每50米³棚室用硫黄粉120克，加锯末250克，盛于花盆内，分放几点，傍晚密闭棚室，暗火点燃锯末熏一夜；百菌清烟剂使用方法同黄瓜霜霉病。

（4）生长期药剂防治。用40％福星乳油8 000倍液，或20.67％万兴乳油2 000倍液，或15％三唑酮可湿性粉剂1 500倍液，或50％多硫胶悬剂300～400倍液，或农抗"120"150倍液，或武夷菌素150倍液于发病初期喷雾，每7～10天喷1次，视病情连续防治2～3次。

二、黄瓜霜霉病

1. 主要症状 霜霉病主要发生在叶片上。叶片上初现浅绿色水浸斑，扩大后受叶脉限制，呈多角形，黄绿色转淡褐色，后期病斑汇合成片，全叶干枯，由叶缘向上卷缩，潮湿时叶背面病斑上生出灰黑色霉层，严重时全株叶片枯死。

病菌在大棚、温室可全年在寄主上成活侵染，是露地病害的初侵染源。病菌孢子主要靠气流、风雨传播。高湿是黄瓜霜霉病发生最重要的条件。病菌在相对湿度83％以上经4小时才能产生孢子囊；孢子囊萌发必须在叶面上有水滴或水膜的存在，否则孢子囊不能萌发。霜霉病发病的适宜温度是15～24℃，低于15℃或高于28℃不适宜发病，温度越高，越不宜发病。通风不良、湿度过高，或结露多的塑料棚发病重。黄瓜品种间发病程度有显著差异。一般较晚熟、耐热性强的品种较抗病，如津研黄瓜、唐山秋瓜等。熟性较早、耐低温的品种较为感病，如长春密刺、北京刺瓜等。

2. 防治技术

（1）选用抗病品种。

（2）加强管理，提高植株抗病力，雨季注意排水，防止大水漫灌。

（3）选栽无病壮苗，防止瓜苗叶面结露，严格淘汰病苗。直播黄瓜，用25％甲霜灵可湿性粉剂1 500倍液浸种30分钟，预防苗期染病。

（4）药剂防治。黄瓜苗期发病可先喷1次药，带药定植。露地黄瓜定植后，气温达15℃，相对湿度80％以上，早晚大量结露时，出现病株应及时喷药防治。药剂可选用46.1％可杀得3 000水分散性粒剂1 500倍液，或68.75％易保水分散性粒剂1 250倍液，或72％克露可湿性粉剂700倍液，或52.5％抑快净水分散性粒剂2 500倍液，或58％甲霜灵·锰锌可湿性粉剂500倍液，或25％甲霜灵（瑞毒霉）可湿性粉剂800倍液，或64％杀毒矾可湿性粉剂600倍液，或75％百菌清可湿性粉剂500倍液，每亩用1.5亿活孢子/克木霉菌可湿性粉剂267克加水50升，每5～7天喷1次，连续防治2～3次。以上药剂应交替使用，以防止产生抗药性。

三、黄瓜枯萎病

1. 主要症状　植株萎蔫是枯萎病的主要症状。苗期幼苗胚茎基部黄褐色软腐，子叶萎蔫，潮湿时长出白色菌丝，幼苗枯死；成株期，多在根瓜采收后发病，病株叶片自下向上逐渐萎蔫，叶色黄绿，起初植株白天萎蔫，早晚可恢复正常，病株茎基部、节和节间出现黄褐色条斑，常有黄色胶状物流出，病部易纵裂，茎基部呈水浸状缢缩，潮湿时病部表面产生白色至粉红色霉层。切断茎基部，可见维管束变褐。随着病情发展，植株早晚不能复原，并很快枯死，病株易被拔起。病菌以菌丝体、菌核和厚垣孢子在土壤、病残体和种子上越冬，成为第二年的初侵染源。病菌在土壤中可存活5～

6 年或更长的时间，病菌随种子、土壤、肥料、灌溉水、昆虫、农具等传播，通过根部伤口和根毛顶部细胞间隙侵入，在维管束内繁殖，并向上扩展，堵塞导管，产生毒素使细胞致死，植株萎蔫枯死。土壤中病原菌量的多少是当年发病程度的决定因素之一。重茬次数越多病害越重。土壤高湿是发病的重要因素，根部积水，促使病害发生蔓延。高温是病害发生的有利条件，病菌发育最适宜的温度为 24~27℃，土温 24~30℃。氮肥过多以及酸性土壤不利于黄瓜生长而利于病菌活动，在 pH 4.5~6 的土壤中枯萎病发生严重，地下害虫、根结线虫多的地块病害发生重。

2. 防治技术

（1）选用抗病品种。

（2）用 50%多菌灵可湿性粉剂 500 倍液浸泡 1 小时，或用 40%甲醛 150 倍液浸种 1.5 小时，后用清水冲洗干净，再催芽播种，或用 70℃恒温 72 小时（种子含水量在 10%以下），检查发芽率后再播种。

（3）嫁接防病。用云南黑籽南瓜做砧木，嫁接黄瓜，可兼治黄瓜疫病，嫁接苗置温室小拱棚内保湿培养，温度 16~28℃，湿度 95%以上，7 天后揭去小拱棚，再培育至 3 叶 1 心期定植。嫁接苗的栽植密度要比自根苗少 20%，培土不可埋过切口，栽前多施基肥，收瓜后应适当增加浇水，成瓜期多浇水，保持旺盛的长势。

（4）太阳能土壤消毒。每亩用 1 吨稻草或麦秸，切成 4~6 厘米长撒在地面，再均匀撒施石灰 50 千克，翻地 25~30 厘米，铺膜，灌水，然后密闭温室或大棚 15~26 天，可杀死土壤中的病原菌及线虫等。

（5）药剂防治。发病初期用 50%多菌灵可湿性粉剂 500 倍液，或 70%甲基硫菌灵可湿性粉剂 800 倍液，或 10%双效灵水剂 200~300 倍液，或 2%水剂农抗"120" 100 倍液灌根，每株灌 0.25 千克药液，每隔 5~7 天灌一次，在发病初期连灌 2~3 次，有一定防效。

四、黄瓜疫病

黄瓜疫病除为害黄瓜外，还侵染冬瓜、菜瓜、南瓜、西瓜、苦瓜等。

1. 主要症状　黄瓜各部位都可受害，主要发生在茎蔓基部及嫩茎节部。幼苗期被害，嫩尖呈水浸状腐烂，枯死后成秃尖。茎基部发病，呈水浸状，病部明显缢缩，病部以上的叶片渐渐枯萎，最后全株枯死。叶片被害产生暗绿色水浸状病斑，渐扩大成近圆形的大病斑，天气潮湿时，病斑扩展很快，常全叶腐烂；嫩茎和侧枝节部发病较多，病部呈水浸状，暗绿色，腐烂并明显缢缩，病部以上枝叶枯死，但病茎维管束不变色。瓜条被害，产生暗绿色水浸状近圆形凹陷斑，湿度大时，病斑迅速发展，后期病部长出稀疏灰白色霉层，病瓜皱缩，软腐，有腥臭味。病菌随病残体在土壤或肥料中越冬，成为第二年的初侵染源，病菌靠雨水、灌溉水传播，病部产生病菌孢子又借风雨传播，进行重复侵染。病菌也可附着在种子上，播种带病种子，也可以引起田间发病，但种子带病率低。病害发生的关键因素是湿度，病菌在 5～37℃温度范围内均可发育，雨季的长短和降水量是病害流行的决定因素。连续阴雨天，降水量大，发病早，病害重。雨量高峰之后常出现发病高峰，有暴雨的年份病害常流行。浇水过多，土质黏重，施用未腐熟的有机肥料病害重；平畦，畦面高低不平，雨后易积水的田块，疫病常发生严重；连年栽种瓜类蔬菜的田块发病重。品种之间发病程度也有差异。

2. 防治技术

（1）轮作。与非瓜类作物实行 4 年以上的轮作。

（2）选用抗病品种。抗疫病的品种常常不抗霜霉病、白粉病。

（3）加强管理，及时排水。

（4）种子用 40％甲醛 100 倍液浸种 30 分钟，洗净后晾干播种，或用种子重量 0.2％的 35％甲霜灵拌种剂拌种。

（5）田间药剂防治。发现中心病株后及时全田喷药保护。可选用 46.1％可杀得 3 000 水分散性粒剂 1 500 倍液，或 68.75％易保水分散性粒剂 1 250 倍液，或 72％克露可湿性粉剂 800 倍液，或 40％乙磷铝（三乙膦酸铝）可湿性粉剂 200～300 倍液，或 58％甲霜灵锰锌可湿性粉剂 500 倍液，或 75％百菌清可湿性粉剂 600 倍液，或 25％甲霜灵可湿性粉剂与 65％代森锌可湿性粉剂 1：2 混合剂 600 倍液喷雾。或 25％瑞毒霉（甲霜灵）与 50％福美双可湿性粉剂 1：1 混合后 500 倍液灌根，每株灌液 200～250 毫升。每 7～10 天防治 1 次，严重时 5 天施药 1 次。

五、黄瓜细菌性角斑病

1. 主要症状 叶片上初生针头大小水浸状斑点，病斑扩大受叶脉限制呈多角形，黄褐色，湿度大时，叶背面病斑上产生乳白色黏液，即菌脓，后成一层白色膜，或白色粉末状物，病斑后期质脆，易穿孔。茎、叶柄及幼瓜条上病斑水浸状，近圆形至椭圆形，病斑常开裂，潮湿时瓜条上病部溢出菌脓，果肉变色。病瓜后期腐烂，有臭味，幼瓜被害后常腐烂、早落。

病菌在种子上或随病残体留在土壤中越冬。病菌靠种子远距离传播病害。土壤中的病菌通过灌水、风雨、气流、昆虫及农事作业在田间传播蔓延。病菌由气孔、伤口、水孔侵入寄主。发病的适宜温度 18～26℃，相对湿度 75％以上，湿度愈大，病害愈重，雨后易流行。地势低洼，排水不良，重茬，氮肥过多，钾肥不足，种植过密的地块，病害均较重。

2. 防治技术

（1）种子用 55℃温水浸种 15 分钟，或 40％福尔马林 150 倍液浸种 90 分钟，清水冲洗后催芽播种，或用新植霉素 3 000 倍液浸种 30 分钟，再用清水浸 4 小时，捞出催芽播种。

（2）加强栽培管理。重病田与非瓜类蔬菜轮作 2 年以上施足基肥，增施磷钾肥，雨后做好排水，降低田间湿度。

（3）清洁田园。生长期及时清除病叶、病瓜，收获后清除病残株，深埋。

（4）药剂防治。发病初期喷 90％新植霉素 5 000 倍液、30％琥胶肥酸铜（DT 杀菌剂）可湿性粉剂 500 倍液，或 60％琥•乙磷铝可湿性粉剂 500 倍液，或 46.1％可杀得 3 000 水分散性粒剂 1 500 倍液，或 77％可杀得可湿性粉剂 400 倍液，或 47％加瑞农（春雷•氧氯铜）可湿性粉剂 600～800 倍液，或 12％松脂酸铜（绿乳铜）乳油 300～400 倍液喷雾。以上药剂可交替使用，每隔 7～10 天喷一次，连续喷 3～4 次。铜制剂使用过多易引起药害，一般不超过 3 次。喷药须仔细周到地喷到叶片正面和背面，可以提高防治效果。

第四节　十字花科蔬菜病害防治技术

一、白菜软腐病

1. 主要症状　白菜多在包心期开始发病，病株由叶柄基部开始发病，病部初为水浸状半透明，后扩大为淡灰褐色湿腐，病组织黏滑，失水后表面下陷，常溢出污白色菌脓，并有恶臭，有时引起髓部腐烂。发病初期，病株外叶在烈日下下垂萎蔫，而早晚可以复原，后渐不能恢复原状，病株外叶平贴地面，叶球外露。也有的从外叶叶缘或叶球上开始腐烂，病叶干燥后成薄纸状。病株易被脚踢倒。大白菜贮存期间，病害继续发展，造成烂窖。

病原菌主要在病株上越冬，也可随种株在窖内越冬，次年随种株带到田间，通过灌水、雨水、昆虫等传播，施用带有未腐熟病残体的肥料也可以传播，病菌从寄主的伤口、自然孔口侵入。田间幼苗根部带菌率 95％。高畦种植较平畦病轻，与禾本科作物轮作病轻，早播、地势低洼、排水不良、土质黏重、大水漫灌的地块发病重。

2. 防治技术

（1）选用抗病品种。

（2）适时播种。大白菜软腐病的发生与播种期关系密切。一般适于防治霜霉病和病毒病的最适播期也适用于防治软腐病。

（3）药剂拌种。可按 150 克种子用 100 克菜丰宁 B_1 拌种。

（4）加强田间管理，高垄种植，精细整地是防治软腐病的关键之一。田间作业防止伤根、伤叶，包心后浇水要均匀，防止形成生理伤口，浇水前先清除病株带出田外，病穴撒上石灰或杀菌剂后再浇水。及时治虫，减少病原入侵的伤口。苗期开始防治食叶及钻蛀性害虫如菜青虫、甘蓝夜蛾、甜菜夜蛾、小菜蛾、菜螟、根蛆、黄条跳甲等。此外，病毒病、霜霉病、黑腐病等病害都可能加重软腐病的为害，要做好这些病害的防治。

（5）田间药剂防治。田间发现软腐病株后立即拔除，病穴撒上石灰，全田喷 46.1% 可杀得 3 000 水分散性粒剂 1 500 倍液，或 90% 新植霉素 4 000 倍液，每 10 天 1 次，连续防治 2～3 次，或每亩用 300 克菜丰宁 B_1 加水 250 升灌根。

二、白菜病毒病

1. 主要症状　白菜生育期均可受害。幼苗期发病，心叶产生明脉褪绿，花叶皱缩、叶脆，心叶扭曲畸形，有时叶脉上出现褐色坏死斑。成株期病株矮缩，出现黄绿相间的花叶、环形坏死斑及黑色星状小点，根系须根很少，严重病株不能结球。染病种株抽薹晚，薹短，扭曲畸形，叶片小而硬、明脉、花叶，荚果小，籽不饱满，发芽率低，严重病株抽薹前即枯死。白菜病毒病病株抗逆性下降，软腐病、霜霉病加重。

病毒在越冬的种株或冬季田间十字花科蔬菜或菠菜或窖藏的十字花科蔬菜上越冬，第二年春天在各种十字花科蔬菜上蔓延。病毒在田间靠蚜虫传播，这种病毒还可以通过病株的汁液接触传播。即在人们田间作业时，经人的手脚、衣服、农具将病株汁液传到健株而致病。白菜类 6 叶期前易染病。7 叶后发病轻。如蚜虫发生高峰期与寄主感病期相吻合，并遇有 15～20℃ 的温度，相对湿度 75% 以下，发病重。秋季大白菜播种早，毒源、蚜虫多，菜田管理差，不通风，地势低，或土壤干燥、缺水、缺肥，植株长势差，发病重。

2. 防治技术　由于病毒病防治较困难，而发生流行主要是由于蚜虫等传播媒介的传毒活动，因此，在防治上，应采用以防治蚜虫等传毒媒介为主，以加强栽培管理，增强寄主抗病、耐病力等措施为辅的综合防治措施。

（1）选用抗病品种。一般青帮品种比白帮品种抗病，晚熟品种比早熟品种抗病。

（2）选留无病种株。从无病田无病株留种，栽种种株时也应严格挑选无病种株。

（3）适时晚播。一般在立秋前 3 天或后 5 天播种，在多雨的年份可适期早播；而在干旱的年份，可选用生育期短的品种适期晚播。

（4）加强田间管理。深耕细作，施足充分腐熟的农家肥，增施磷钾肥，铲除田间及周边杂草，清洁田园，减少病毒初侵染源和传毒媒介。结合间苗拔除弱苗、病苗，合理浇水，高温干旱时可增加浇水次数，以降低地温，防止病毒病发生。

（5）防治蚜虫及传毒媒介。可用 10％吡虫啉可湿性粉剂 1 000～2 000 倍液喷雾。

（6）药剂防治。发病初期，可用 20％病毒 A 可湿性粉剂 500 倍液，或 1.5％植病灵乳剂 1 000 倍液，或 83 增抗剂 100 倍液喷雾，每隔 7～10 天喷一次，连喷 2～3 次。

三、白菜根肿病

1. 主要症状　病害发生在根部，苗期发病严重时小苗枯死。成株期植株生长迟缓，矮小，外叶常在中午萎蔫，早晚恢复，后期外叶发黄枯萎，有时全株枯死。主根或侧根上形成形状不规则，大小不等的肿瘤，初期，瘤面光滑，后期龟裂、粗糙，也易感染其他病菌而腐烂，主根生长慢。

病菌随病根在土壤中越冬越夏，病株、病土及带有未腐熟病残体的肥料是第二年的初侵染源。病菌借雨水，灌溉水和农具等传播。孢子囊萌发最适宜的温度为 18～25℃，高于 30℃不发病。

土壤含水量 50%～98%条件下均可发病，低于 45%，病菌易死亡，以含水量 70%～90%最为适宜。干旱年发病少。土壤 pH 5.4～6.5 病害重，pH 7.2 以上的土壤发病少，连年种植十字花科的地块和病田下水头的地块及施有未腐熟病残体厩肥的地块病重。

2. 防治技术

（1）与非十字花科蔬菜实行 5 年以上的轮作。

（2）清除病株携出田外深埋，不可任意扔在田埂或水渠里。

（3）施用石灰改善土壤酸碱度，一般亩施石灰粉 75～100 千克，或发病初期用 15%石灰乳灌根，每株 0.3～0.5 升。

（4）药剂防治。用 50%多菌灵可湿性粉剂 500 倍液灌根。每株药液 0.4～0.5 升或每亩用 50%多菌灵可湿性粉剂 2～3 千克拌土 200～300 千克开沟施于垄沟内。

四、白菜霜霉病

1. 主要症状 病害主要发生在叶片上，叶正面出现淡绿至淡黄色的小斑点，扩大后呈黄褐色，病斑受叶脉限制，呈多角形，潮湿时叶背面病斑上生出白色霉层；条件适宜时，病斑连片，叶片枯黄，严重时不能包心。

病菌随病残体在土壤中、十字花科蔬菜上或冬贮种株的根头上越冬，有时还可混在种子中越夏或越冬，次年春季条件适宜时萌发侵染幼苗，由春播十字花科蔬菜传到白菜等秋播十字科蔬菜上，混在秋播种子上的病菌，播后直接为害幼苗。病害发生和流行的平均气温为 16℃左右，高湿是发病的重要条件，气温偏高，阴天多雨，日照不足，多雾，重露，早播，过密、通风不良，连茬，包心期缺肥，生长势弱的地块，播种过早的秋季大白菜病重。青帮型的品种发病较白帮型轻。

2. 防治技术

（1）选用抗病品种。种间发病差异显著。抗病毒病的大白菜品种一般也抗霜霉病，可因地制宜选用。

（2）药剂拌种。种子重量 0.4％的 50％福美双可湿性粉剂或75％百菌清可湿性粉剂或 0.3％种子重量的甲霜灵（瑞毒霉）35％拌种剂拌种。

（3）合理轮作。与非十字花科作物隔年轮作，有条件的地方可与水田作物轮作，适期播种。

（4）药剂防治。苗期发现中心病株后，立即拔除并喷药防治，在莲座末期要彻底进行防治。为便于后期防治，药剂可选用 40％乙磷铝（三乙膦酸铝）可湿性粉剂 200～300 倍液，或 70％乙磷铝锰锌可湿性粉剂 500 倍液，或 68.75％易保水分散性粒剂 1 250 倍液，或 72％霜脲·锰锌（克露）700～800 倍液、70％百菌清可湿性粉剂 600 倍液，或每亩用 1.5 亿活孢子/克木霉菌可湿性粉剂267 克兑水 50 升喷雾，每 5～7 天喷 1 次。

第五节　葱、蒜、韭菜病害防治技术

一、韭菜灰霉病

1. 主要症状　病害主要发生在叶片上，初期叶面上生白色至浅褐色的小点，扩大后呈椭圆形至梭形，后期病斑互相联合成大片枯死斑，致使半叶或全叶枯死。潮湿时枯叶表面密生灰色至灰褐色的绒毛状霉层。由割茬刀口处向下腐烂，开始似开水烫过，后变成淡绿色，有褐色轮纹，病斑半圆形至"V"形，以后病部继续向下扩展，病叶黄褐色，湿度大时生灰褐色或灰绿色绒毛状霉层。

病菌在土壤中越冬，成为第二年的初侵染源，植株发病后，病叶上形成的大量分生孢子靠韭菜收割时散落，及风雨灌溉等传播蔓延。病菌生长最适宜温度为 15～21℃，孢子萌发需要 95％以上的相对湿度，以水滴中萌发最好。早春低温、高湿、寡照是灰霉病发生的重要条件。韭菜品种间抗病性有明显差异。

2. 防治技术

（1）选用抗病品种。

（2）棚室内适时通风降湿，增施有机肥，合理浇水，增强植株抗病力，割韭菜后，清除病叶、深埋。

（3）药剂防治。发病初期选用50％扑海因（异菌脲）可湿性粉剂1 500倍液，或50％速克灵（腐霉利、乙烯菌核利）可湿性粉剂1 500倍液，或50％多菌灵·乙霉威可湿性粉剂800倍液，或70％甲基硫菌灵800倍液，或多菌灵·乙霉威武夷菌素150倍液喷雾，或棚室用10％速克灵烟剂每亩200～250克。每10天防治1次，连续2～3次。

二、韭菜疫病

韭菜、葱、洋葱、蒜、茄子、番茄均可危害。

1. 主要症状　韭菜各部位都表现症状，尤以韭白（假茎）和根部（鳞茎）受害最重。叶片上初现水浸状暗绿色病斑，病斑扩展到半个叶片时，叶片变黄下垂、软腐，湿度大时，病部长出灰白色霉状物，假茎被害呈浅褐色，软腐，叶鞘易脱落，潮湿时病部也长出灰白色稀疏的霉层，鳞茎被害时，根盘呈水浸状，浅褐色至暗褐色；腐烂，纵切鳞茎可见内部呈浅褐色，植株生长受抑制。根部受害，变褐腐烂，根毛减少，很少发出新根，长势明显减弱。病菌随病残体在土壤中越冬，第二年产生孢子囊，游动孢子，侵染寄主发病。潮湿条件下，病部又产生孢子囊和游动孢子，借风雨、灌溉传播，进行再侵染，病害发生的最适温度为25～32℃，雨季来得早，雨水多的年份，地势低洼、排水不良的地块发病重。

2. 防治技术

（1）加强栽培管理，韭菜养根生长期，摘除下部老叶，增加光照，促进健壮生长，雨季时，及时排涝，棚室内防止湿度过大。

（2）轮作换茬，避免连作。

（3）药剂防治。初发病时用68.75％易保水分散性粒剂1 250倍液，或72％克露（霜脲·锰锌）可湿性粉剂700倍，或52.5％抑快净（噁酮·霜脲氰）水分散性粒剂2 500倍液，或25％甲霜灵可湿性粉剂750倍液，或40％乙磷铝可湿性粉剂200倍液，或

64％杀毒矾 M8 可湿性粉剂 400 倍液喷雾防治，每亩喷药液 50 千克，每隔 7～10 天喷 1 次，连续防治 2～3 次。

三、葱锈病

1. 主要症状 主要为害叶片、花梗和绿色部分。发病初时，表皮上产生椭圆形稍凸起的，橘黄色疮斑，以后表皮破裂，散出橘黄色粉末夏孢子堆，秋后疮斑变为黑褐色，内生冬孢子堆，不易破裂。北方病菌在病残体上越冬，第二年夏孢子随风雨气流传播侵染。夏孢子萌发适宜温度 9～18℃，高于 24℃萌发率显著下降，气温低的年份，缺肥，寄主生长不良的地块病害重。

2. 防治技术

（1）施足有机肥，增施磷钾肥，提高抗病性。

（2）发病初期喷洒 15％三唑酮可湿性粉剂 2 000～2 500 倍液，或 40％福星（氟硅唑）乳油 8 000 倍液，或 20.67％万兴（噁酮·氟硅唑）乳油 2 000 倍液，或 50％萎锈灵乳油 700～800 倍液，隔 10 天左右喷 1 次，连续防治 2～3 次。

四、大蒜叶枯病

1. 主要症状 主要为害叶或花梗；叶片多从叶尖开始发病，病斑初为苍白色小圆点，扩大为灰褐色，椭圆形或不规则形，病害发生严重时，全叶枯死病害向叶茎蔓延，由植株下部向上扩展。病部产生灰色的霉状物。花梗受害，症状与叶相似，易从病部折断，最后病部产生许多黑色小粒点，严重时不能抽薹。病菌主要以子囊壳随病残体在土壤中越冬，第二年散发出子囊孢子进行初侵染，病部产生分生孢子再借风雨、气流等重复侵染。此病不易侵染健壮的植株，常与霜霉病或紫斑病混合发生，侵染已经衰弱的植株。春季降雨多，雾多，或浇水量大，田间湿度大，光照不足，病害容易发生流行，地势低洼、排水不良的田块发病也重。

2. 防治技术

（1）施足有机肥和磷钾肥，生长季节增施磷酸二氢钾等微肥，提高植株抗病力。及时清除病残株，携出田外深埋，减少菌源。

（2）药剂防治。发病初期可用 40%多菌灵胶悬剂 0.15 千克加磷酸二氢钾 0.15 千克，加水 60 千克调均匀喷 1 亩地，或用 50%扑海因（异菌脲）可湿性粉剂 1 500 倍液，或 46.1%可杀得 3 000 水分散性粒剂 1 500 倍液，或 50%琥胶肥酸铜（DT）可湿性粉剂 500 倍液，每 7～10 天喷 1 次，连续防治 3～4 次。

第六节　主要蔬菜根结线虫病防治技术

近年来，根结线虫病在蔬菜主产区发病普遍，危害严重。瓜类、茄果类、豆类以及生姜、芹菜、牛蒡等受害严重，尤其大棚为害最严重。其寄主范围可侵染 39 科 130 余种植物。山东省发现已有 79 种作物发生根接线虫病，涉及瓜类、茄果类、豆类、十字花科、葱蒜类、根菜类等。主要是南方根结线虫。

据试验，保护地可利用太阳能消毒防治根结线虫病。方法是：先将棚内作物秸秆、草叶等清除干净。用旋耕机将大棚深翻 25～30 厘米，撒上麦草和石灰氮，麦草的用量是 1 千克/米²，石灰氮的用量是 50 克/米²。再用旋耕机深翻一遍并混匀，然后起垄深 40 厘米，宽 1 米。再盖膜，盖膜时先将膜的三周盖严，留一边顺沟浇水，水要浇透并淹没棚土，然后再将此边盖严，维持 20 天以上。

一、番茄根结线虫病

1. 主要症状　病害主要发生在根部。须根或侧根上产生肥肿畸形瘤状结节，常成糖葫芦状。根结初为白色，表面光滑，后期变褐，粗糙，剖开根结可见乳白色线虫。病轻时，地上部植株无明显症状，较重时，植株生长不良，严重时植株矮小、萎蔫或枯死。重病株结果少，果小。根结线虫以卵或 2 龄幼虫随病残体留在土壤中越冬，第 2 年条件适宜时越冬卵孵化为幼虫，以 2 龄幼虫侵入寄主，刺激寄主根部形成肿瘤根结。病原线虫靠病土、病苗、病残体、带病肥料、灌溉水、农具和杂草等传播。全年种植番茄的菜区，线虫可全年为害。用稻田土育苗，苗期可不发病，砂性土病重，黏土病轻，地温 25～28℃ 适宜发病，春茬番茄发病晚，病情发展慢，为害轻，秋季番茄发病早，病情发展快，为害重。

2. 防治技术

（1）合理轮作。有条件的实行水旱轮作。与葱蒜韭或禾本科作物轮作，或与感病但受害轻的速生小菜连作，以减少土壤中的线虫量，控制发病或减轻发病。

（2）用无病土育苗。用草炭或稻田土育苗或苗床土壤消毒。培育无病壮苗，防止定植病苗。

（3）土壤消毒。种植前用 1.8％ 虫螨克（阿维菌素）乳油 1～1.5 毫升/米^2，兑水 6 千克，或用 3％ 氯唑磷颗粒剂每亩 4～6 千克，拌细土 50 千克撒施，沟施或穴施，定植缓苗后再用 1.8％ 阿维菌素乳油 1 000～1 500 倍液，每隔 10～15 天灌根 1～2 次，有较好的防治效果。

（4）施用充分腐熟的有机肥，合理灌水，增强植株耐病力，及时清除杂草，减少线虫繁殖。

（5）彻底清洁田园，收获后集中将病残体深埋，深翻土 20 厘米以上，浇透水，使线虫因缺氧而窒息死亡。

二、黄瓜根结线虫病

1. 主要症状　主要为害根部。根受害后发育不良，侧根多，并在根端部形成球形或圆锥形大小不等的瘤状物，有时串生，初为白色、质软，后变为褐色至暗褐色，表面有时龟裂。被害株地上部分发育不良，叶色黄，旱时萎蔫枯死，易误认为是枯萎病株。病原线虫以 2 龄幼虫、卵囊中的卵及雌虫随病根根结，在土壤和粪肥中越冬。第 2 年遇适宜条件时，以 2 龄幼虫侵染黄瓜根部，在幼根内生活，幼虫分泌唾液，刺激根部导管细胞膨大，形成瘤状根结。根结线虫发育的适宜温度为 25～30℃，线虫多在 20 厘米深土层内活动，以 3～10 厘米土层内最多。线虫靠土壤、病苗、灌溉水、农事作业等传播。地势高燥、土壤疏松、盐分低的条件下利于线虫活动，促使发病，沙土地、重茬地发病重。在无寄主的条件下，线虫在土中可存活1年。

2. 防治技术

（1）合理轮作。病田与水田轮作。可种植甜椒、葱、蒜、韭菜等抗病蔬菜，或种植受害轻的速生小菜以减少土壤中的线虫量，控制发病或减轻对下茬的为害。

（2）无病土育苗。用稻田土或草炭育苗或播前苗床土消毒，培育无病苗，严防定植病苗。

（3）土壤消毒。种植前土壤用1.8%阿维菌素乳油每平方米1～1.5毫升，兑水6升消毒，或每亩用氯唑磷3%颗粒剂4～6千克，拌干细土50千克撒施，沟施或穴施；生长期再用1.8%阿维菌素乳油1 000～1 500倍液灌根1～2次，间隔10～15天。

（4）深翻25厘米以上，施用充分腐熟的有机肥。

（5）收获后田间彻底清除病残株，集中深埋以沤肥。

第七节　主要蔬菜害虫防治技术

一、蚜虫

蚜虫成群密集在菜叶和嫩茎上，吸食植物体内的汁液，造成严重失水和营养不良，除了危害植株外，还传播多种病毒。防治蚜虫可田间挂黄板诱杀，每亩15～20片，每片40厘米×25厘米。也可以在田间悬挂银灰色的薄膜避蚜。可用20%杀灭菌酯（氰戊菊酯）6 000倍液，或25%吡虫啉可湿性粉剂5 000倍液，或25%噻虫嗪水分散粒剂5 000～6 000倍液均匀喷雾防治。

二、斜纹夜蛾

一年发生4～5代，以蛹在土下3～5厘米处越冬。成虫白天潜伏在叶背或土缝等阴暗处，傍晚后爬到植株上取食叶片。

防治技术：最好在幼虫孵化盛期及时用药，在3龄前消灭，药剂防治时首先选用生物农药，如 Bt 乳剂、青虫粉剂。其次化学农药，如 5%氯虫苯甲酰胺悬浮剂 1 000 倍液，或 20%氯虫苯甲酰胺悬浮剂 4 000 倍液，或 15%茚虫威悬浮剂 2 500 倍液等交替使用，以免害虫产生抗药性。

三、菜青虫（菜粉蝶）

1～2 龄幼虫啃食叶肉，3 龄以上可将叶片咬成空洞和缺刻，严重时仅存叶柄和叶脉。幼虫排出大量粪便，污染叶和菜心，其伤口易导致软腐病。

防治技术。①清洁田园。收获后及时清除田间残株败叶，集中处理，以减少虫口密度。②人工捕捉。捕捉幼虫和蛹及成虫是很容易做到的，成虫可用网捕效果好。③生物防治。用细菌性杀虫剂 Bt 乳油或青虫菌液剂 500～800 倍液，或用 100 亿活芽孢/克青虫菌粉剂 1 000 倍液，或用 100 亿活芽孢/克杀螟杆菌可湿性粉剂加水稀释成 1 000～1 500 倍液，或 Bt 乳剂或杀螟杆菌或青虫菌粉剂（微生物农药）1 000 倍液。④化学防治。5%氯虫苯甲酰胺悬浮剂 1 000 倍液或 20%氯虫苯甲酰胺悬浮剂 4 000 倍液，或 15%茚虫威悬浮剂 2 500 倍液，或 2.5%三氟氯氰菊酯 3 000 倍液，或 50%辛硫磷乳油 1 000 倍液喷雾，交替喷施 2～3 次。

四、菜螟

在山东年发生 1～3 代，以老熟幼虫吐丝做土茧化蛹，在田间杂草、残叶或表土层中越冬。幼虫孵化后昼夜取食。幼龄幼虫在叶背啃食叶肉，留下上表皮成天窗状。

防治技术。①大白菜、萝卜等在不影响质量前提下秋季适当迟播，可减轻危害。②结合管理，人工捕杀。在间苗、定苗时，如发现菜心被丝缠住，随手摘除。③及时喷药。在幼虫孵出初期和蛀心前（或心叶有丝网时）喷施 5%氯虫苯甲酰胺悬浮剂 1 000 倍液，或 20%氯虫苯甲酰胺悬浮剂 4 000 倍液，或 15%茚虫威悬浮剂 2 500 倍液，或 2.5%三氟氯氰菊酯 3 000 倍液，或 50%辛硫磷乳油 1 500 倍液，或 Bt 乳剂或杀螟杆菌或青虫菌粉剂（微生物农药）1 000 倍液。交替喷施 2～3 次，隔 7～10 天 1 次。

五、烟粉虱

年生 10～12 个重叠世代，几乎月月出现一次种群高峰，每代 15～40 天，成虫喜欢无风温暖天气，有趋黄性，暴风雨能抑制其大发生。

防治技术。①培育无虫苗。育苗前先彻底消毒，做到无虫苗定植。②用丽蚜小蜂防治烟粉虱。当每株有粉虱 0.5～1 头时，每株放蜂 3～5 只，10 天放 1 次，连续放蜂 3～4 次，可基本控制其为害。③注意安排茬口、合理布局。在温室、大棚内，黄瓜、番茄、茄子、辣椒、菜豆等不要混栽，有条件的可与芹菜、韭菜、蒜、蒜黄等间套种，以防粉虱传播蔓延。④早期用药。在粉虱零星发生时开始喷洒 20%扑虱灵可湿性粉剂 1 500 倍液，或 25%灭螨猛乳油 1 000 倍液，或 2.5%天王星（联苯菊酯）乳油 3 000～4 000 倍液，或 2.5%三氟氯氰菊酯乳油 2 000～3 000 倍液，或 20%甲氰菊酯乳油 2 000 倍液，或 25%吡虫啉可湿性粉剂 3 500 倍液，隔 10 天左右 1 次，连续防治 2～3 次。⑤棚室内发生粉虱可用背负式或机动发烟器施放烟剂，采用此法要严格掌握用药量，以免产生药害。

六、葱蝇（蒜蛆）

在山东省每年发生 3 代，主要危害大蒜、洋葱和葱。在大蒜群集在鳞茎上为害，蒜蛆有避光习性，喜欢潮湿，危害时多钻破表皮，蛀食心部组织并逐渐上移，被害部分除蛀孔外，表皮往往是完好的，被害后植株叶片逐渐发黄，后期枯萎死亡。一般 5 月上、中旬降水次数多、雨量大、温度低，发生轻；地势低洼的粘湿土壤地块发生轻；长势健旺的发生轻，高脚白皮蒜较蒲棵红皮蒜发生轻。

利用葱蝇成虫对未腐熟有机肥和糖醋液的趋性，可进行诱杀。成虫羽化期可按糖：醋：酒水：敌百虫＝3：3：1：10：5 的比例，配成溶液，放在田间。每 150～200 米² 放一盒，保持盒内药液不干。也可按 6 份糖＋3 份醋＋1 份酒＋三氟氯氰菊酯（功夫）50 毫升，拌匀分放在田间，诱杀成虫，效果很好。

七、迟眼蕈蚊（韭蛆）

迟眼蕈蚊以幼虫为害，俗称韭蛆。初孵幼虫多以鳞茎一侧渐向内蛀入鳞茎，也有从近地面白色嫩茎部位蛀入、向下至鳞茎内为害，被害鳞茎最后腐烂、干枯、植株死亡后，幼虫转株为害，幼虫老熟后在鳞茎内外化蛹。1 年发生 4 代。以幼虫在韭根周围 3～4 厘米土中或鳞茎内休眠越冬。5 月中、下旬为第 1 代幼虫为害盛期，6 月下旬末至 7 月上旬为第二代幼虫为害盛期，第 3 代幼虫 9 月中、下旬盛发，10 月下旬以后第 4 代幼虫陆续入土越冬。幼虫喜欢在湿润的嫩茎及鳞茎内生活。一般潮湿的壤土地为害严重。

防治技术。春季韭菜萌芽前，起出韭畦表土翻晒，可晒死部分幼虫，减轻为害。早春或秋季幼虫发生时连续灌水 3 天，每天早晚各 1 次，灌水要淹没垄背，同时每亩随浇水追施 8～10 千克氨水，可减轻为害。成虫羽化盛期，顺垄撒施 2.5％敌百虫粉，每亩撒施 2～2.5 千克，或 2.5％溴氰菊酯乳油 2 500 倍液。幼虫为害盛期，当韭菜叶尖开始变黄变软倒伏时，用 50％辛硫磷乳油 1 000 倍液灌根，隔 10 天再灌 1 次，防效均在 90％以上。

近期研究证明，喷洒或随水灌溉臭氧可取的较好的防治效果，有条件的应该推广应用。

另外，棉铃虫、斜纹夜蛾、斑潜蝇等在蔬菜危害较重，应注意及时防治。

表 3-2　蔬菜常用无公害农药名称对照

商品名	中文通用名
瑞毒霉可湿性粉剂	甲霜灵
加瑞农粉尘剂	春雷·氧氯铜
克露可湿性粉剂	霜脲·锰锌
普力克水剂	霜霉威
扑海因可湿性粉剂	异菌脲

设施蔬菜安全高效生产关键技术

（续）

商品名	中文通用名
可杀得可湿性粉剂	氢氧化铜
速克灵可湿性粉剂	乙烯菌核利
卡死克乳油	氟虫脲
功夫乳油	三氟氯氰菊酯
天王星乳油	联苯菊酯
除尽悬浮剂	虫螨腈
福星乳油	氟硅唑
粉锈宁可湿性粉剂	三唑酮
DT 可湿性粉剂	琥胶肥酸铜

第四章 生产管理新技术

第一节 设施蔬菜有机基质栽培关键技术

日光温室和塑料大棚已成为山东省主要的蔬菜生产设施，但设施蔬菜栽培，由于常年连作，土壤板结、酸化、次生盐渍化等障碍和蔬菜病虫害日趋严重，产量和品质下降，无土栽培是解决这一问题的根本方法。但是传统的营养液型无土栽培成本高，技术水平高，推广难度大。设施蔬菜有机基质栽培技术能够克服土壤连作障碍，具有操作简单、省工、成本低、基质可持续利用、产品品质优良、高产高效等优点。该技术充分利用作物秸秆、稻壳、畜牧养殖的动物粪便等农业废弃物，制成有机基质来进行蔬菜生产，对发展生态循环农业和促进设施蔬菜可持续发展具有重要的意义。

一、有机基质概念

采用粉碎农作物秸秆、稻壳、菇渣、醋酒糟等有机物料与畜禽粪便混合，经发酵处理后，再按一定比例与河砂、炉渣、蛭石或珍珠岩等无机物混合，形成一个相对稳定并具有缓冲作用的全营养基质。

二、有机基质原料

1. 有机肥 有机基质栽培的养分主要来源于有机肥，部分来自化肥。有机肥可因地制宜采用充分腐熟的鸡、牛、羊、猪粪等或发酵烘干的颗粒有机肥，也可采用发酵的作物秸秆（玉米、小麦等），畜禽粪便均需晾干后捣细。

2. 有机物　粉碎农作物秸秆、稻壳、菇渣、醋酒糟等。

3. 无机物　河沙、炉渣、蛭石或珍珠岩等。

三、配套设施

1. 栽培槽　将日光温室、塑料大棚地面整平后，按 1.4 米槽距，开挖上口宽 40 厘米、底宽和高均为 25 厘米，横断面为等腰梯形的栽培土槽。槽间铺盖地膜。

2. 供水供肥系统　采用性能优良的微滴灌系统，槽内每个种植行铺设 1 条滴灌管，始终保持滴水孔畅通。微滴灌可与配套的施肥器相连，实现肥水一体化管理。追施的化肥采用微灌专用肥。

3. 栽培形式

（1）开放式。栽培基质与土壤不隔离，适用土壤连作障碍较轻的设施土壤。

（2）半隔离式。在栽培槽两侧可铺厚 0.1 毫米以上塑料薄膜，将栽培基质与土壤隔离，底部与土壤不隔离。适用连作障碍较重的设施土壤。

（3）隔离式。栽培槽可铺厚 0.1 毫米以上塑料薄膜，将栽培基质与土壤完全隔离。适用连作障碍严重的设施土壤。

四、基质配制

1. 基质准备　采用粉碎的农作物秸秆、稻壳、菇渣、醋酒糟等有机物料与畜禽粪便按一定的比例混合，加入发酵菌，调节含水量到 50%，每 2 天翻堆一次，15～20 天完成发酵，pH 为 6～7.5。新稻壳可与少量鸡粪混合喷湿后，盖膜封闭发酵 10～15 天，晾干再用，以免直接利用发酵放热而导致烧苗。也可选用优质商品有机基质。

2. 基质配方　可因地制宜选择基质配方，常见配方（体积比）有：

配方 1：发酵稻壳：腐熟鸡粪：河沙配比为 3：1：1；

配方 2：发酵稻壳：腐熟鸡粪：腐熟牛粪：河沙配比为 3：1：5：1；

配方 3：玉米或小麦发酵秸秆：发酵鸡粪：河沙＝4：1：3。

五、基质消毒和重复利用

夏季换茬时，可在栽培槽原基质中按 10：1 的比例添加晾干捣碎的腐熟鸡粪，同时添加氰氨化钙 100 千克/亩，充分混匀后浇透水，盖严塑料薄膜，密封温室，闷棚消毒 10～15 天。然后揭去覆盖在栽培槽上的塑料薄膜，将基质重新翻松晾晒 5～7 天，即可进行生产。

六、栽培技术

1. 品种选择　选择抗病、优质、高产、耐贮运、商品性好、适合市场需求的品种。冬春栽培选择耐低温、耐弱光、抗性强的品种；秋冬栽培选择抗病、抗逆性好，连续结果能力强的品种。

2. 苗子选用　可选用工厂化育苗场提供的健康的商品苗。

3. 定植　将栽培基质填入槽内。定植前 3～4 天将基质浇透水，使基质充分湿润。茄果类、瓜类蔬菜每槽种植两行，栽培密度一般 3 000 株/亩左右。

4. 肥水管理　根据上述配方的基质，茄果类和瓜类标产量均设定为 15 000 千克/亩，整个生育期需在结果初期和盛果期分别随水肥一体化设施追肥 6～7 次，茄果类追肥总量为相当于尿素 30 千克/亩和相当于硫酸钾 60 千克/亩。瓜类追肥总量为相当于尿素 45 千克/亩左右和相当于硫酸钾 80 千克/亩左右。必须采用可溶性好的适宜水肥一体化设施的冲施肥。

配方基质微量元素较充足，一般不会发生缺素症状，但基质或地下水碱性过强时，有些微量元素难于被植物吸收，尤其在秧苗较小的时候，可能发生生理障碍，可冲施 1～2 次螯合微量元素的复合肥。水分管理的原则是始终保持基质的相对含水量为 80% 左右。

（1）秋冬栽培。茄果类和瓜类坐果后进行第 1 次追肥，采用氮（N）：磷（P_2O_5）：钾（K_2O）为 10：10：30 的复合肥。10 月冲施 3 次，每次 3.5 千克/亩，11 月和 12 月均冲施 2 次，每次 7 千克/亩。

（2）冬春栽培。茄果类和瓜类坐果后进行第 1 次追肥，采用氮（N）：磷（P_2O_5）：钾（K_2O）为 10：10：30 的复合肥。2 月冲施 1 次为 7 千克/亩。3 月冲施 2 次，每次为 5 千克/亩。4 月和 5 月每月冲施 3 次，每次 3.5 千克/亩。

（3）浇水。冬季温度较低，土壤和作物蒸腾量小，浇水不应过频，一般 20~25 天浇水 1 次，栽培基质相对含水量维持 75% 较宜。随着温度的升高，土壤和作物蒸腾量逐渐加大，浇水量应随之加大，秋春季 10 天浇水 1 次，夏季 7 天 1 次，栽培基质相对含水量维持 80% 较宜。

（4）温光管理。低温弱光天气较多的冬春季节，尽量保证夜间温度不低于 10℃，极端低温天气下不得低于 5℃。在不降低温室气温的前提下，尽量多争取接受太阳光，"保温争光"是深冬季节日光温室蔬菜管理的原则，保持棚膜清洁，增加透光率。春季和秋季晴天夜间温度 15℃ 以上，白天 25~30℃。

5. 植株调整　有机基质栽培茄果类生长势强，应及时打杈，如番茄采用单干整枝法，平均每穗留果 4 个，6~7 穗后摘心，后期及时去除老叶和落蔓。瓜类也应及时进行植株调整，如黄瓜冬季保持 12~13 叶，春夏秋季保持 15~16 叶，及时去除老叶和侧枝并放蔓。

七、病虫害防治

1. 主要病虫害　灰霉病、晚疫病、叶霉病、病毒病、霜霉病、白粉病、蚜虫、烟粉虱、潜叶蝇等。

2. 防治原则　按照"预防为主，综合防治"的植保方针，坚持以"农业防治、物理防治、生物防治为主，化学防治为辅"的防治原则。

3. 农业防治

（1）选用抗病品种。针对当地主要病虫害控制对象，选择高抗多抗的品种

（2）环境控制。控制好温度和湿度，培育适龄壮苗，提高抗逆性；采用高垄栽培，用地膜覆盖地面，降低空气湿度，减少病害发生；合理植株调整，及时清洁田园，改善通风透光条件。

（3）科学施肥。测土配方施肥，增施充分腐熟的有机肥，少施化肥，防止土壤富营养化。

4. 物理防治

（1）黄蓝板诱杀。用黄、蓝板诱杀烟粉虱、蚜虫、斑潜蝇、蓟马等害虫，规格为 25 厘米×30 厘米。田间植株顶部 10 厘米左右悬挂黄、蓝色黏虫板，每亩设 30～40 块。当黄、蓝板粘满虫时，及时清理。

（2）设置防虫网。风口处设置 50 目的防虫网，防止粉虱、蚜虫、斑潜蝇侵入危害。

5. 生物防治

（1）天敌防治。春秋季节，当粉虱单株虫量低于 0.5 头时，可释放丽蚜小蜂进行防控。将蜂卡均匀地挂在田间，每 7～10 天释放 1 次，共分 5～7 次释放，每次释放 2 000～3 000 头/亩，保持丽蚜小蜂与粉虱的益害比 3∶1，当丽蚜小蜂和粉虱达到相对稳定平衡后即可停止放蜂。在释放丽蚜小蜂防治粉虱后，禁止使用任何杀虫剂。

（2）生物药剂防治。可用 90％新植霉素可溶性粉剂 3 000～4 000 倍液喷雾防治细菌性病害。可用 5 亿孢子/克木霉菌水溶剂 300～500 倍液喷雾防治灰霉病。可用 1.5％天然除虫菊素水乳剂 1 000～1 500 倍液喷雾防治蚜虫、粉虱。可用 2.5％多杀霉素悬浮剂 1 000～1 500 倍液喷雾防治蓟马。

6. 化学防治

（1）防治原则。严禁使用剧毒、高毒、高残留农药。各种药剂交替使用。严格控制各种农药安全间隔期。

（2）灰霉病。可用 25%嘧菌酯悬浮剂 34 克/亩兑水喷雾或 6.5%乙霉威粉尘剂、50%腐霉利可湿性粉剂等药剂轮换用药进行防治。

（3）霜霉病。发病初期，可用 50%嘧菌酯水分散粒剂 1 500～2 000 倍液，或 52.5%的噁酮·霜脲氰水分散粒剂 1 500 倍液，或 72.2%霜霉威水剂 600 倍液，或 69%锰锌·烯酰可湿性粉剂 600～700 倍液喷雾防治，间隔 5～7 天用药一次，连续防治 2～3 次。

（4）白粉病。可选用 40%氟硅唑乳油 3 000 倍液，或 12.5%烯唑醇可湿性粉剂 1 000 倍液，或 50%嘧菌酯水分散粒剂 1 500～2 000倍液喷雾，交替用药，每 7～10 天用药 1 次，连续防治 2～3 次。兼治黑星病。

（5）晚疫病。发病初期可选用 75%百菌清，或 75%代森锰锌可湿性粉剂 500～600 倍液喷雾；发病初期可选用 25%甲霜灵可湿性粉剂 800～1 000 倍液，或 72%霜脲·锰锌可湿性粉剂 600～800 倍液，或 52.5%噁酮·霜脲氰水分散粒剂 1 500 倍液喷雾；结合 45%百菌清烟剂，每亩每次 250 克；55%百菌清或 6.5%乙霉威粉尘剂，每亩每次 1 千克，每 7～10 天用药一次，连续防治 2～3 次。

（6）叶霉病。可选用 10%苯醚甲环唑可湿性粉剂 1 500～2 000 倍液喷雾，或 430 克/升戊唑醇 13 克/亩兑水喷雾，连喷 2～3 次，施药间隔 7～10 天。

（7）病毒病。选用无病毒种子、注意防治传毒昆虫如烟粉虱，或 20%盐酸吗啉胍·铜可湿性粉剂 300～500 倍液，或用 2%氨基寡糖素水剂 800～1 000 倍液喷雾防治，减轻病害症状。

（8）蚜虫、烟粉虱。可用 25%噻虫嗪水分散粒剂 5 000～6 000 倍液，或 10%吡虫啉可湿性粉剂 1 000～2 000 倍液，喷雾防治。注意叶背面均匀喷洒。

（9）潜叶蝇。用噻虫嗪、灭蝇胺、氯虫苯甲酰胺等药剂防治。

八、注意事项

栽培基质含有的有机物料必须发酵完全，否则田间发酵产生的高温会对作物产生危害（烧根）。

第二节　设施蔬菜连作障碍综合防控技术

连作障碍是在同一地块里连续种植同一种或同科作物时，用正常的栽培管理措施也会出现作物生育异常、产量下降或品质下降等现象。山东省设施蔬菜从 20 世纪 90 年代后期得到了迅速发展。设施蔬菜生产是一种人为作用很强的土地利用形式，因设施内特定的环境条件、作物种类、栽培方式等与露地栽培的不同，致使设施蔬菜具有高投入、高产出、重茬连作普遍的特点。经常处于封闭状态。随着使用年限增加，设施菜地生态环境逐渐恶化，连作障碍日趋严重，已成为制约设施栽培可持续发展的关键因素。

一、设施蔬菜连作障碍的表现及成因

原因复杂：与作物、土壤等诸多因素有密切关系。

（一）土传病虫害加重

这是最主要表现和成因，引起蔬菜连作障碍 70％左右的地块是由土壤传染性病虫害引起的。连作提供了根系病虫害赖以生存的寄主和繁殖场所，使得土壤中的病原菌数量不断增加。土壤微生物区系发生变化，根区土壤微生物生态失衡，同种类蔬菜互相传播病虫害。常见土传病害：茄果类、瓜类的猝倒病、立枯病、疫病、根腐病、枯（黄）萎病；番茄、辣椒的青枯病及根结线虫。种植西瓜的土壤枯萎病菌在土壤中可存活 8 年。

根结线虫病是近几年来山东省日光温室蔬菜生产上发生的最为严重的土传病害。根结线虫的寄主范围广，常危害黄瓜、丝瓜、苦瓜、番茄、茄子、菜豆等多种蔬菜，一般造成减产 20％～30％，严重的减产 50％。同时，根结线虫病的发生和危害还常常加重瓜类、茄果类蔬菜枯萎病、根腐病等土传病害的发生和危害。

通过调查和鉴定，南方根结线虫是山东省设施蔬菜田中的绝对优势种群，病样中检出率为 97.94％。据调查，瓜类蔬菜中，以苦瓜和丝瓜受害最重，黄瓜次之；茄果类蔬菜中以番茄最重，茄子较轻；3年以上日光温室根结线虫病重度和中度发生之和超过了50%。

（二）土壤理化性状恶化

1. 土壤养分不均衡 某一蔬菜作物对某些营养元素的吸收具有偏爱性，对喜好的养分连年吸收，必然导致某些养分的缺乏；年年连作，同一深层的根系吸收范围固定，从而造成一定土层营养成分的缺乏。

案例：不同种植年限日光温室及土层深度土壤硝酸盐积累规律的研究。

以山东省寿光市圣城街道东玉村蔬菜大棚保护地为调查点，分别于2007年5月、9月29日、11月24日采集种植年限为1～3年、4～6年和7～10年土壤样品，每个年限选择2～5个大棚，分3层取土0～20厘米、20～40厘米、40～60厘米。研究不同种植年限设施栽培下的土壤硝酸盐变化规律。

结果表明，3次采样都呈现相同的规律，随着年限的增加各土层的硝酸盐含量也增加，种植年限1～3年的大棚土壤硝酸盐含量最低，除第三次采样7～10年比4～6年土壤硝酸盐含量稍低以外，以种植年限7～10年的土壤硝酸盐含量最高，说明在当地施肥管理水平条件下，硝酸盐富集现象明显，并将成为设施土壤蔬菜生理障碍的主导因子。

另外，比较各种植年限大棚0～20厘米、20～40厘米、40～60厘米三层土壤的硝酸盐含量，可以看出表层硝酸盐累积也是比较严重的，在0～20厘米的土层中硝酸盐含量最高，20～40厘米土层其次，这与硝酸盐的性质和大棚内的环境有关：硝态氮不易被土壤胶体吸附，很容易随水移动而被淋洗，棚内高温持续时间长，强度大，灌水量增加等原因使土壤水分蒸发强烈，深层土壤硝态氮随水上移，水溢盐留，导致保护地土壤硝态氮表聚现象增强。虽然40～60厘米土层的硝酸盐含量比0～20厘米和20～40厘米的低，但是一般蔬菜作物的根系较浅主要集中在0～40厘米，因此菜地土壤养分淋洗到 40 厘米以下就很难再被吸收，特别是硝酸盐又不易被土壤吸附，会随灌水淋洗到土壤深层，污染地下水。

案例：氮肥用量、种类与硝酸盐积累的关系。研究表明：氮肥用量越大，土壤中及黄瓜果实中的硝酸盐含量越高；果实中硝酸盐的含量以硝态氮肥处理最高，铵态氮肥和酰胺态氮肥处理果实硝酸盐含量较低，后二者差异不显著。

2. 土壤酸化 由于设施内常年温度偏高，有机肥料矿化速度快，加之农民所用的有机肥多为鸡粪，碳源不足，致使设施内土壤有机质含量不高，缓冲性能降低，再加上过量使用偏酸性肥料，从而导致土壤迅速酸化，在寿光日光温室土壤定点调查发现，使用 4～6 年的温室，土壤 pH 下降 0.2～0.7，呈明显酸化现象。

在酸性土壤中，交换性钾、钙、镁等易被氢离子置换出来，一旦遇到雨水，就会流失掉。酸性条件下番茄青枯病、西瓜枯萎病、根结线虫更容易发生。

3. 土壤次生盐渍化 设施蔬菜栽培条件下，追肥量远远超过了蔬菜的需要量，使大量剩余肥料及其副成分在土壤中积累，覆盖条件下，土壤得不到雨水淋洗，设施内温度又较高，土壤水分的蒸发量和作物的蒸腾量大，使土壤中的肥料和其他盐分向地表移动，大量盐分积聚在土壤表层，导致设施内土壤发生次生盐渍化。土壤盐分积累后，会造成土壤溶液浓度增加，使土壤的渗透势加大，根系的吸水吸肥均不能正常进行，使生育受阻。随着盐类浓度的升高，土壤微生物活动受到抑制，铵态氮向硝态氮的转化速度下降。

根据种植多年的日光温室蔬菜施肥情况的调查，仅化肥提供的 N、P_2O_5 和 K_2O 养分量已远远高于蔬菜作物的吸收量，其中磷素高 6.5 倍，氮素高 3.3 倍，钾素也高 1～2 倍，成为污染环境的潜在因素。

另据山东省内 10 个市 350 栋日光温室土壤普查，种植 3 年以上的日光温室 0～20 厘米土壤平均含盐量达 0.27%，正常土壤要求总盐分小于 0.2%。土壤含盐量达到 0.2%～0.3% 时为轻度盐化土壤。

土壤盐渍化的标志：轻的出现青苔，中等的出现发红，重的出现土壤白色。

4. 土壤板结　　连作引起的盐类积聚会使土壤板结，通透性变差，需氧微生物的活性下降，土壤熟化慢；同时，翻耕深度不够，使土壤耕作层变浅。

（三）植物的自毒作用

植物和微生物自身产生的有毒物质对同茬或下茬同种（科）植物生长产生抑制的现象。目前已从根系分泌物中分离出许多自毒物质，其中大多为酚类、脂肪酸类化合物。这些物质通过影响细胞膜透性、酶活性、离子吸收和光合作用等各种途径来影响植物生长。番茄、茄子、辣椒、西瓜、甜瓜和黄瓜等易产生自毒作用，而南瓜、丝瓜、瓠瓜则不易产生。

二、设施蔬菜连作障碍综合防控技术

（一）合理轮作

不同作物间进行合理轮作，可减轻病虫害，减少土壤环境恶化，防止自毒作用的发生。试验和经验证明，日光温室黄瓜、番茄等6月上旬拔秧后，可安排种一茬夏玉米，或栽大葱等，有条件的可种一季水稻，实行水旱轮作。如日光温室蔬菜与水稻、玉米或葱蒜类蔬菜等轮作。

通过对水稻、玉米轮作后土壤养分含量的变化研究，总体趋势是经水稻轮作后，速效氮、速效磷、速效钾含量均呈下降趋势，尤以速效氮20～60厘米和硝酸盐20～60厘米含量降低最多；经玉米轮作后，不同深度土层土壤养分含量均呈下降趋势，其中速效氮40～60厘米含量下降了36.9％。

轮作对改良土壤的作用表现为：一是夏季休闲季种植水稻、玉米，减少了黄瓜生长季内残留的硝态氮56％以上；二是与常规休闲比较，种植水稻、玉米各土层硝酸盐含量均比休闲处理降低54％以上；三是与对照相比，夏季休闲期轮作玉米和大葱能降低土壤容重，增加土壤孔隙度，其中以轮作玉米的效果最为显著。四是经过夏季雨水冲洗和作物吸收，休闲期结束后各处理土壤 EC 值比轮作前显著降低，其中以轮作玉米处理降低幅度最大，比对照降低 20.7%，土壤的 pH 较大程度的提高。五是夏季温室休闲期，由于未施肥，再加上雨水冲洗和作物吸收，使土壤养分含量降低，细菌、真菌及放线菌均比轮作前显著降低。

轮作和休闲对土壤微生物和根结线虫数量的影响：一是温室夏季休闲期轮作玉米和大葱均能提高土壤细菌和放线菌的数量，降低土壤真菌数量，提高了土壤微生物总量，改善了土壤微生物组成。二是温室夏季休闲及轮作均能降低土壤线虫数量，轮作大葱、玉米及休闲分别比轮作前降低 49.7%、44.1% 及 45.4%。在后茬黄瓜各生育期均是以轮作大葱的处理土壤线虫数量最低，休闲处理土壤线虫数量最多。

（二）间作套种

间作套种不仅提高土地利用率，增加产出。蔬菜生产中，葱蒜类蔬菜与其他作物间作，其根系分泌物可以有效地杀灭有害病菌，减少相关病害发生。陕西冬小麦与线辣椒间作套种，减少线辣椒病毒病，使畸形果减少，产量提高。线辣椒与玉米间作，也可以减少线辣椒疫病的发生。

（三）选用抗病品种

应用抗性品种是防治连作障碍的有效措施。品种之间的抗病能力差异较大。如对于根结线虫病，黄瓜、西瓜、甜瓜栽培品种中目前尚缺乏抗根结线虫的品种，而番茄中有抗根结线虫的品种如以色列的 FA593、FA1420 等。

（四）嫁接栽培

利用嫁接技术可以克服病原菌侵染的有效措施之一，还可以帮助一些作物克服自毒作用。嫁接通过改善植株根系吸收特性，改变内源激素含量，使植株光合能力加强，提高保护酶活性等使蔬菜嫁接苗抗病增产。嫁接对黄瓜枯萎病，番茄青枯病、褐色根腐病，茄

設施蔬菜安全高效生产关键技术

子青枯病、黄萎病、枯萎病、根结线虫等都有显著的防除作用。常用的抗根部病害（尤其是结线虫病）的品种有：

黄瓜嫁接砧木：黑籽南瓜、白籽南瓜。

西瓜嫁接砧木：南瓜砧木有青农砧木1号、青研砧木1号、全能铁甲等；葫芦砧木有优砧100、强砧等。

茄子嫁接砧木：托鲁巴姆、托托斯加、CRP、赤茄等。

番茄嫁接砧木：托鲁巴姆、千禧、耐莫尼塔。

辣椒嫁接砧木：布野丁、威壮贝尔。

甜瓜嫁接砧木：全能铁甲、青研砧木1号。

（五）合理施肥，推广配方施肥

合理施用肥料可防止土壤理化性质和生物学性质恶化及环境污染，减轻连作障碍和病虫害的发生。必须根据设施土壤养分状况、肥料的性质、栽培蔬菜需肥规律，确定合理的施肥量，提倡测土配方施肥，尽量减少土壤障碍。

设施蔬菜施肥中常见的问题是："量大"：施肥量过大。有机肥使用量过大，有的地方每亩施用鸡粪达到了25米^3。"单一"：氮素过多。"失调"：氮磷钾失调，大量、中量和微量元素失调。"盐害"：盐分在土壤中积累，土壤次生盐渍化。

施肥的原则是：以底肥为主，追肥为辅；以有机肥为主，化肥为辅；氮、磷、钾合理配合，根据不同作物合理配方施肥，注意中、微量元素的施入；推广生物肥、生物菌肥，实行有机、无机、生物肥配合施用。

充分利用秸秆生物反应堆技术。秸秆生物反应堆技术是利用微生物菌种将秸秆定向、快速地转化农作物生长所需要的二氧化碳、抗病微生物孢子和有机、无机养料，能显著改善作物生态环境，促进作物的生长发育，该技术主要是降低了生产成本，增加产量，提高品质。

越冬茬蔬菜行间盖草可以改良土壤环境，保温降湿，减轻病害。

增施生物菌肥：在鸡粪发酵过程中加入生物菌肥，在番茄上试验可以减少番茄的茎基腐病和晚疫病。

对酸性土壤应增施石灰（每亩 10～40 千克），中和土壤酸度并可提高养分的有效性。

沼液灌溉可以提高土壤 pH。

（六）合理耕作

深耕及中耕可以提高土壤的缓冲性能，均匀土壤盐分，破坏毛细管运动，减少危害。

（七）物理防治、化学防治和生物防治土传病害

1. 物理防治

（1）日光消毒。蔬菜收获后，在夏季炎热季节，翻耕浇灌覆膜，晒 5～7 天，使膜下 20～25 厘米土层温度升高至 45～48℃甚至 50℃，加之高湿（相对湿度 90%～100%），杀线虫效果好。此法操作简便，效果好，成本低。

（2）日光＋麦秸。6 月下旬至 7 月下旬，日光温室内按作物行距开 30 厘米深的沟，集中每亩铺施 3 000 千克麦秸（或玉米秸）、50 千克碳铵、5～6 米³鸡粪及部分表土培成垄（麦秸在下），盖严温室薄膜和地膜后灌透水，使秸秆发酵。根据山东省农业科学院植物保护研究所试验，在黄瓜根结线虫病发生严重的日光温室，防治效果达 73.29%。

（3）日光＋石灰氮＋麦秸。亦即氰铵化钙土壤消毒。6～7 月日光温室蔬菜倒茬闲置时期，撒施石灰氮（氰铵化钙）50～100 千克、碎麦秸 600～1 300 千克，耕翻、做垄、覆盖地膜、灌透水，处理 20～30 天，揭地膜后晾晒 8～10 天后定植。若定植后再用 1 000 倍的阿维菌素灌根，能更有效地控制根结线虫的危害。经上述处理，对根结线虫病的防治效果达 89.48%。

（4）蒸汽消毒法。蒸汽消毒的方法有地表覆膜消毒法、埋设地下管道法以及负压消毒法，以负压消毒法效率最高。根结线虫对热很敏感，在 49℃时保持 10～15 分钟，可杀死几乎所有线虫。

2. 化学防治

（1）威百亩（商品名：线克）。威百亩在土壤中通过产生异硫氰酸甲酯而产生杀虫、杀菌以及除草的效果。常用为40%水剂。在温室、大棚休闲期间进行土壤处理，使用方法是先整好地，然后盖好塑料膜，通过滴灌系统施药，每平方米用量为17.5～35克（有效成分），根据土壤湿度，每平方米施入水量为20～40米^3。在夏季盖膜4～6周后，于移栽前1周揭膜散气，整地移栽。或开行距为15厘米、深15厘米的沟，按每亩3～5升用量兑水浇施，覆盖地膜。7天后揭膜，松土1～2次，再等7天后栽种作物。用40%威百亩水剂防治黄瓜根结线虫病试验结果表明，防效可达60%。威百亩的使用最好能结合太阳能消毒进行。

（2）棉隆（商品名：必速灭）。在温室大棚休闲期间，将98%必速灭微粒剂按20～30克/米^{2}的用量均匀撒施到土壤表面，用耙子将其与土壤混合均匀，然后在土壤表面洒水，盖上塑料薄膜，4周后揭膜、散气、整地移栽。防治效果：芹菜89.94%，黄瓜87.19%。必速灭通常是微粒剂，如果施用不匀，药量大的地方易发生药害，药量小的地方效果不佳，一定要均匀施用。缺点是用药剂处理土壤费用较高。

案例：土壤消毒与活化。棉隆是灭生性土壤消毒剂，施用后也会把土壤中有益生物杀死，因此在土壤消毒后要进行适度土壤活化处理，才可使作物健康地生长。已有专业化土壤消毒公司从事棉隆土壤消毒和活化处理，土壤消毒用亩用棉隆30千克。定植时再亩使用胖老伴1千克。肥老伴生物菌是一种多元的复合菌群，内含枯草芽孢杆菌、热紫链霉菌等，其作用是提升土壤活力、改良土壤物理性能和化学性能，加速有机质腐熟。

（3）硫酰氟。硫酰氟对根结线虫有良好的防治效果。硫酰氟蒸汽压大，穿透性强，可杀死深土层中的线虫。由于硫酰氟在常温下是气体，所以易于使用，不需要专用的施药设备。硫酰氟使用方法：先将土壤盖膜，四周封盖严密。将罐装硫酰氟通过分布带施入土壤中，每平方米用量为25～50克。

（4）1，3-二氯丙烯（商品名：熏线烯）。1，3-二氯丙烯能明显减轻番茄根结线虫病的发病程度，刺激植株生长。使用方法：按播种行开沟，亩施 92％熏线烯乳油 15 千克，加水稀释 10 倍后，浇于沟中，立即盖土、覆土、盖膜，密封熏蒸 7 天，揭膜散气，揭去地膜，划锄施药沟，松土散气 7 天后可播种或移栽。

（5）噻唑膦（商品名：福气多）。用 10％福气多颗粒剂对黄瓜根结线虫病有较好的防治效果，每亩用量 1.3～2.0 千克防效可达77％以上，增产率达38％以上。使用方法：先将药剂与细沙按 1：20比例混合后再施用。将一半药剂均匀撒施于土表，旋耕 20～30 厘米、平整，然后开定植沟，将另一半药剂撒入定植沟内，与土混匀。

3. 生物防治

（1）生物杀线剂 1 号、2 号。在番茄上，生物杀线剂 1 号 7 毫升/米² 处理番茄增产 27.04％，对番茄根结线虫病的防效达到80.45％。在芹菜上，生物杀线剂 1 号 7 毫升/米² 对芹菜根结线虫病增产 34.04％，防效达到 64.29％。生物杀线剂 2 号 5 毫升/米² 能使芹菜增产 44.68％，防效 57.4％。

（2）诱抗剂阿波罗 963。稀释 1 000 倍与 1.8％阿维菌素乳油1 000 倍液混用喷雾或灌根。阿维菌素对作物安全，使用后可很快移栽，并且使用不受季节的限制。阿维菌素虽然在土壤中半衰期只有 2～5 天，但其在土壤中的持效期却长达 2 个月。但连续使用后，其效果逐年下降，增产无最初使用时明显。因此，该技术应与其他消毒技术交替使用。

（3）植物源杀线剂印楝素。是从印楝种子中提取活性成分配制而成，具有触杀、胃毒、驱避等作用。在防治线虫的同时，还具有防治作物土传病害的作用。定植期用印楝素穴施，每亩 10 千克，如果结合太阳能消毒土壤效果更好。

（4）淡紫拟青霉。是多种根结线虫和孢囊线虫雌虫和卵的寄生菌，具有独特作用机制，对多种农作物的根结线虫和孢囊线虫有较好的预防、治疗、根治作用，持效期长，不产生抗药性。

据试验，在茄子上应用，采用苗床拌药的方式（9 克/米²），茄子苗根结指数降低 24.4%；在番茄上应用，采用定植时穴施的方式（4 千克/亩），对根结线虫防治效果达到 56.46%，增产率达到 13%。将淡紫拟青霉与石灰氮（氰氨化钙）配合施用试验证明，可以进一步提高对根结线虫的防治效果。单用淡紫拟青霉按 3 千克/亩剂量对黄瓜根结线虫的防效为 45.28%，单用氰氨化钙按 80 千克/亩的防效为 49.09%，二者混合施用效果达到 70.53%。

（八）无土栽培

无土栽培是不用土壤，用其他东西培养植物的方法，一项能有效避免根结线虫为害的重要农业措施。无土栽培方式可分为无固定基质和有固定基质两种。无固定基质的有水培、雾（气）培，有固定基质的分为槽式、袋式、盆式基质培。基质栽培通常采用草炭、蛭石、珍珠岩、椰壳等混合物，国内也有商品化的基质出售。

实践中，主要采用有机基质栽培方法，以槽式栽培应用较多。该方法具有成本低、技术简单、易推广等特点。

槽式栽培可挖地槽，梯形，槽规格：上口宽 35 厘米，底宽 25 厘米，深 25 厘米；两槽间距 1.5 米。槽内铺设塑料薄膜。然后内填有机基质。根据于贤昌教授的研究，有基质配方 3 个：

以牛粪为主的配方：牛粪：鸡粪：稻壳＝5：1：4；

以稻壳为主的配方：稻壳：腐熟鸡粪：河沙（或非菜地沙壤土）＝3：1：1；

以玉米或小麦发酵秸秆为主的配方：玉米或小麦发酵秸秆：发酵鸡粪：河沙（或非菜地沙壤土）＝4：1：3。

化肥施用量：N、P_2O_5 和 K_2O 等追肥量＝蔬菜目标产量应吸收的各种养分量（千克/亩）×1.5 所用基质能够提供的各种养分量（千克/亩）所用基质迟效养分转化量（千克/亩）。

蔬菜目标产量应吸收的各种养分量可从公开发表的有关资料获得；基质提供的各种养分量可从对基质的测定中获得；基质迟效养分转化（矿化）量可在蔬菜作物收获后对基质的测定中获得。通过计算，上述三个基质配方的化肥施用量为尿素 30~50 千克/亩和硫酸钾 75～95 千克/亩（番茄目标产量 7 500～10 000 千克/亩）。

通过对槽底及槽壁铺薄膜（隔离式）、槽壁铺薄膜而槽底不铺（半开放）和槽壁而槽底均不铺薄膜（开放式）的试验，基质栽培可以采用半开放及开放式，以使蔬菜根部更好的通气。

第三节　秸秆生物反应堆技术

秸秆生物反应堆技术是利用生物工程技术，将农作物秸秆转化为作物所需要的二氧化碳、热量、生防抗病孢子、矿质元素、有机质等，进而获得高产、优质农产品的工艺设施技术。该技术以秸秆代替大部分化肥，改良修复土壤生态环境。大棚采用该技术，可减少化肥农药用量 60%，成本下降 50%，平均增产 30%，是当前重点推广的高产高效农业新技术。

一、标准秸秆生物反应堆建造

秸秆生物反应堆技术主要用于冬暖式大棚生产。反应堆有内置式和外置式反应堆两种。

1. 标准行下内置式秸秆生物反应堆的建造

（1）建造时间。行下内置式反应堆适合在晚秋、冬季、早春建造，如果不受茬口限制，最好在作物定植前 10～20 天做好，浇水，结合施疫苗、打孔待用。晚春、夏季和早秋可现建现用。

（2）建造方法。在小行（定植行）位置，顺南北方向挖一条略宽于小行宽度（一般 70 厘米）、深 20 厘米的沟，把提前准备好的秸秆填入沟内，铺匀、踏实，填放秸秆高度为 30 厘米，南北两端让部分秸秆露出地面（以利于往沟内通氧气），然后把 150～200 千克饼肥和用麦麸拌好的菌种均匀地撒在秸秆上，再用铁锨轻拍一遍，让菌种漏入下层一部分，覆土 18～20 厘米。然后，在大行内浇大水湿透秸秆，水面高度达到垄高的 3/4。浇水 4～5 天后，将提前处理好的疫苗撒在垄上，并与 10 多厘米表土掺匀，找平垄，在垄上用 12# 钢筋打三行孔，行距 20～25 厘米，孔距 20 厘米，孔深以穿透秸秆层为准。10 天后在垄上定植。

2. 标准外置式秸秆生物反应堆的建造 在大棚内靠近门口的一侧，离开山墙 60 厘米，依据大棚宽度，南北方向挖一个长 5~7 米、宽 1 米、深 80 厘米的贮气池，在池子靠近作物一侧的中间，向里挖一长宽各 80 厘米、深度略深于贮气池底的方形坑，用砖砌好，用水泥抹面，上沿高于地面 20 厘米，砌成直径 40 厘米的圆形口，上口平面要向棚内一侧倾斜 30°，以便安装二氧化碳交换机和输气带。

在贮气池底每隔 50 厘米放一根水泥柱，南北方向拉 3 道铁丝，上面排放秸秆，50 厘米厚撒一层用麦麸拌好的菌种，共排放 3~4 层，然后用水湿透秸秆，盖上塑料布。南北两端各竖起一根内径 10 厘米、高 1.5 米带有若干小孔的管子，以便氧气回流供菌种利用。当反应堆中秸秆高度下降 50~70 厘米时，再按上述方法及时添加菌种和秸秆两次。

二、菌种和疫苗处理与接种技术

1. 菌种和疫苗处理

（1）在阴凉处，按菌种（疫苗）＋麦麸＋水＝1＋20＋18 的比例，将菌种（疫苗）和麦麸混匀后再加水掺匀。

（2）按饼肥＋水＝1＋1.5 的比例，将 50~150 千克饼肥（蓖麻饼、豆饼、花生饼、棉籽饼、菜籽饼等）加水拌匀。

（3）将拌好的菌种和饼肥混合拌匀，堆积 2 小时后使用；将拌好的植物疫苗和饼肥混合拌匀，堆放 8~10 小时后，在室内摊开，厚 8 厘米，转化 7~10 天后备用。

（4）如菌种（疫苗）当天使用不完，应将其摊放于室内或阴凉处散热降温，厚度 8~10 厘米，第 2 天继续使用。寒冷天气要注意防冻、防蝇。每亩用菌种 8~10 千克，植物疫苗 3~5 千克。

2. 菌种和疫苗的区别 菌种和植物疫苗有两点不同：一是应用位置不同。菌种是撒在秸秆上分解秸秆，而植物疫苗是接种在表土层内，防治土传病害和根结线虫。二是预处理时间不同。菌种可现拌现用，用不完摊放在背阴处第 2 天再用；而植物疫苗要提前处理。

三、秸秆生物反应堆技术使用注意事项

1. 内置式反应堆使用注意事项 一是秸秆用量要和菌种用量搭配好，每 500 千克秸秆用菌种 1 千克；二是浇水时不要冲施化学农药，特别要禁冲杀菌剂，但作物上可喷农药预防病虫害；三是浇水后管理，浇水后 4～5 天要及时打孔，用 14 号的钢筋，每隔 25 厘米打一个孔，要打到秸秆底部，浇水后孔被堵死要再打孔，地膜上也要打孔。每月打孔一次，每次打孔要与前次打的孔错位 5 厘米；四是减少浇水次数，一般常规栽培浇 2～3 次水，用该项技术只浇一次水即可，切记浇水不能过多。定植时只浇缓苗水，千万不要浇大水；五是前 2 个月不要冲施化肥，以避免降低菌种、疫苗活性，后期可适当追施少量有机肥和复合肥（每次每亩冲施浸泡7～10 天的豆粉、豆饼等有机肥 15 千克左右，复合肥 10 千克左右）。

2. 外置式反应堆使用注意事项 一是所用秸秆数量和菌种用量要搭配好，每 500 千克秸秆用菌种 1 千克，玉米秸要用干秸秆。二是秸秆上面所盖塑料膜靠近交换机的一侧要盖严。三是建好后当天就要通电开机 1 个小时，5 天后开机时间逐渐延长至 6～8 小时，遇到阴天气时也要开机。四是及时给秸秆补水。补水是反应堆运行的重要条件之一，循环添加菌种和秸秆 2 次后，每 7～10 天向反应堆补一次水，保持秸秆潮湿。五是及时加料，外置反应堆一般使用 50～60 天，秸秆消耗 50%，应及时补充秸秆和菌种。越冬茬作物全生育期上料 3～4 次，秋延迟和早春茬上料 2～3 次。六是及时清除余渣和贮存浸出液，做环保肥料施用，同时也能充分发挥设施的效能。

四、秸秆生物反应堆技术效果

1. 二氧化碳效应 利用行下内置式反应堆在低投入的情况下，可使大棚内二氧化碳浓度提高 4～6 倍，达到 1 500～2 000 毫克/千

克；内、外置式反应堆结合应用的，可使大棚内二氧化碳浓度提高8～10倍，达到3 000～4 000毫克/千克。增加光合效率50%以上，水分利用率提高75%～125%。

2. 温度效应 保护地内，内置和外置式反应堆结合使用，可提高耕作层20厘米地温4～6℃，气温提高2～3℃，早春作物可提前10～15天播种、定植，秋延迟作物可延长生育期30多天。

3. 生物防治效应 连续应用3年，土壤有益微生物菌群数量增加5倍以上，土传病害、重茬病害明显减轻，减少农药用量60%～70%甚至以上，生防替代化学农药，减少蔬菜农药残留。

4. 有机改良土壤和替代化肥效应 应用秸秆生物反应堆技术，第一年可减少化肥用量50%以上，3年以上连续使用的大棚可减少70%以上。土壤有机质提高2倍以上，团粒结构增多，通气性、保水保肥能力等理化性状显著改善。作物根茎比较常规增加125%～300%，根系条数和根鲜重也相应增加。

第四节　微灌施肥节水节肥技术

微灌施肥在我国又称为"水肥一体化"，是借助微灌系统，将微灌和施肥结合，以微灌系统中的水为载体，在灌溉的同时进行施肥，实现水和肥一体化利用和管理，使水和肥料在土壤中以优化的组合状态供应给作物吸收利用。微灌施肥是将微灌施肥设备与施肥技术结合在一起的一项新农业技术，其设备是实现节水节肥的基础，微灌施肥制度是发挥设备最大效益的关键，也是微灌施肥技术的核心内容。

一、微灌施肥技术简介

我国从1974年开始引进微灌施肥技术，至今在全国各地微灌施肥技术得到了广泛应用，新疆、内蒙古、山东、广东、广西面积较大，应用的作物主要有设施蔬菜、果树、马铃薯、棉花等。已经建立起门类较为齐全的微灌设备生产企业，微灌设备得到普遍的认可。

山东省自 1997 年开始水肥一体化技术试验研究，先后在近 20 个县市区开展水肥一体化技术示范推广工作，已初步建立了适合山东各地实际的微灌施肥技术模式，水肥一体化技术已被广大干部群众所了解和认同，并且有快速发展的趋势。

（一）微灌施肥技术模式

经过多年的探索，目前山东设施蔬菜和果园主要推广了五种微灌施肥技术模式，基本满足了不同作物、水源类型、出水量、管理方式的需求。

1. 设施蔬菜单井单棚滴灌施肥模式　首部安装文丘里或压差式施肥罐，筛网或小型叠片过滤器。适合胶东、鲁南河谷平原区，地下水埋深 20 米以内，出水量较少，水泵功率一般在 0.75～1.5 千瓦，农户分散经营的设施蔬菜种植区。

2. 设施蔬菜重力滴灌施肥模式　棚内建水池或安装蓄水桶，通过重力（或加压）实行二次供水，适合农户分散经营、直接供水存在困难的设施蔬菜种植区。

3. 设施蔬菜恒压变频滴灌施肥模式　首部安装恒压变频设备、叠片过滤器，分棚施肥。适合大棚集中、深井供水区，用水组织管理健全的设施蔬菜种植区。

4. 果园轮灌微灌施肥模式　首部安装注肥泵、过滤器。适合规模种植大户或园艺场。

5. 果园微灌施肥模式　首部安装文丘里或压差式施肥罐，筛网或小型叠片过滤器。适合农户分散经营，面积较少的果园。

（二）微灌施肥技术特点及效果

微灌相对于地面灌溉而言，微灌条件下的土壤水、肥运行规律与大水漫灌条件下有很大不同，这些不同带来了灌溉和施肥理论和方法革命性变化，因而成为一种全新的灌溉施肥技术。

1. 微灌施肥技术特点　一是局部灌溉。微灌灌水集中在作物根系周围，土壤的湿润比依据作物种植特点和微灌方式确定，一般为 30%～90%，也就是说，在微灌条件下，一部分土壤没有得到灌溉水。在地下部分，因作物根系分布深度不同，水的湿润深度在 30～100 厘米以内，减少了深层渗漏和侧面径流。局部灌溉可造成局部土壤 pH 的变化和土壤养分的迁移，并在湿润区的边峰富集。

二是高频率灌溉。由于每次进入土壤中的水量比较少，土壤中贮存的水量小，需要不断补充水分来满足作物生长耗水的需要。在高频率灌溉情况下，土壤水势相对平稳，灌溉水流速保持在较低状态，可以使作物根系周围湿润土壤中的水分与气体维持在适宜的范围内，作物根系活力增强，有利于作物的生长。

三是施肥量减少。作物根系主要吸收溶解在土壤水中的养分，微灌条件下，肥料主要施在作物根系周围的土壤中。微灌施肥每次施肥量都是根据作物生长发育的需要确定，与大水漫灌冲肥相比，既减少了施肥量，又有利于作物吸收利用，大水漫灌造成的肥料流失现象基本不存在。

四是施肥次数增加。微灌使土壤水的移动范围缩小，在微灌水湿润范围之外的土壤养分难以被作物吸收利用。要保证作物根系周围适宜的养分浓度，就要不断地补充养分。在微灌施肥管理中，要考虑作物不同生育期对养分需求的不同及各养分之间的关系，因此，微灌施肥技术使施肥更加精确。

2. 微灌施肥技术效果 实践证明，微灌施肥技术具有节水、节肥、节药、省工、增产和改善品质等优点。据山东省近十年示范效果表明，采用微灌施肥技术与常规施肥灌水相比：

节水效果：平均亩节水 49 米^3，节水 30%～40%。

节肥效果：平均亩节肥（折纯）31.5 千克，节肥 30%～50%。氮肥利用率平均提高 18.4 个百分点，磷肥提高 8 个百分点，钾肥提高 21.5 个百分点。

节药效果：由于降低了棚内空气湿度、提高了温度，病虫害传播和发生程度减轻，打药次数减少 1/4～1/3。

省工效果：可明显减少灌水、施肥、打药、整地等劳动用工，亩减少劳动用工 15～20 个。

增产增收效果：平均增产 $10\%\sim25\%$。

改善品质效果：由于土壤的水肥供应条件稳定，农产品品质和商品性明显改善。

二、微灌施肥设备

常用的微灌施肥设备按灌水器的出水形式可以分为滴灌、微喷灌和涌泉灌（又称小管出流）三种类型。典型的微灌系统通常由水源工程、首部枢纽、输配水管网和灌水器四部分组成（图 4-1）。一般设备的排列顺序有：水泵（包括电机）、逆止阀、施肥（药）装置、压力表、过滤设备、压力表、阀门、流量表、进排气阀、干管、压力调节器（电磁阀）、支管、毛管、灌水器。根据微灌施肥首部控制规模和水质，设备的配置方式会有所不同（图 4-1）。

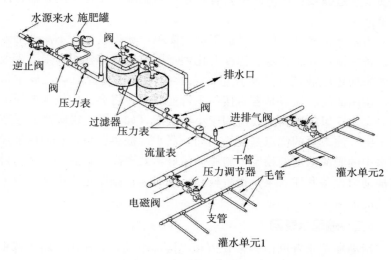

图 4-1　微灌系统组成示意图

（一）首部枢纽

首部枢纽的作用是从水源取水、增压并将其处理成符合微灌施肥要求的水流送到系统中去，包括加压设备（水泵、动力机）、过滤设备、施肥（药）设备、控制及测量设备等。

1. 加压设备 加压设备的作用是满足微灌施肥系统对管网水流的工作压力和流量要求。加压设备包括水泵及向水泵提供能量的动力机。微灌施肥系统常用的水泵有离心泵、潜水泵等，动力机可以是柴油机、电动机等。在井灌区，如果是大功率水泵供水，农户各自使用微灌施肥设备，要使用变频器。在有足够自然水头的地方，可以不安装加压设备，利用重力进行灌溉。

2. 过滤设备 常见的过滤设备主要有旋流水砂分离器、砂过滤器、筛网过滤器和叠片式过滤器。小型微灌系统，一般采用筛网过滤器和叠片式过滤器。

3. 施肥（药）设备 微灌施肥系统中用于向输水管道注入可溶性肥料或农药溶液的设备称为施肥（药）设备。施肥（药）设备应安装在过滤设备之前。主要有压差式施肥罐、文丘里注入器、注入泵。

压差式施肥罐的优点是加工制造简单，造价较低，不需外加动力设备。缺点是肥料溶液浓度变化大，同时，罐体容积有限，需要频繁添加化肥或药剂。文丘里注入器的优点是装置简单，成本低廉，使用简便。缺点是若直接与主管连接时，将会造成较大的压力损失。文丘里施肥器主要应用于小型微灌（如滴灌、微喷灌）系统的施肥。注入泵的优点是能均匀向灌溉水源提供肥料，从而保证灌溉水中的肥液浓度的稳定，施肥质量好，效率高。缺点是需要另外增加动力设备和注入泵，造价较高，同时，在施肥过程中无法调节肥液的流量。

（二）输配水管网

微灌输配水管网由各种管道和连接件组成，其作用是将首部枢纽处理过的水，按照要求输送分配到每个灌水单元和灌水器，输配水管网包括干、支管和毛管三级管道。毛管是微灌系统的最末一级管道，其上安装或连接灌水器。管道与连接件在微灌工程中用量大、规格多、所占投资比重大，因而所用的管道与连接件型号规格和质量的好坏，不仅直接关系到微灌工程费用大小，而且也关系到微灌能否正常运行和寿命的长短。

1. 微灌管道的种类　微灌工程应采用塑料管，对于大型微灌工程的骨干输水管道（如上、下山干管及输水总干管等），当塑料管不能满足设计要求时，也可采用其他材质的管道，但要防止锈蚀堵塞灌水器。微灌系统常用的塑料管主要有两种：聚乙烯管和聚氯乙烯管，Φ63毫米以下的管采用聚乙烯管，Φ63毫米以上的管采用聚氯乙烯管。塑料管具有抗腐蚀、柔韧性较好、能适应较小的局部沉陷、内壁光滑、输水摩阻粗糙率小、比重小、重量轻和运输安装方便等优点，是理想的微灌用管。塑料管的主要缺点是受阳光照射时易老化。塑料管埋入地下时，塑料管的老化问题将会得到较大程度的克服，使用寿命可达20年以上。

2. 微灌管道连接件的种类　连接件是连接管道的部件，亦称管件。管道种类及连接方式不同，连接件也不同，微灌工程中大多用聚乙烯管，连接件也主要是聚乙烯管。目前，国内微灌用聚乙烯塑料管的连接方式和连接件有两大类：一是外接式管件，二是内接式管件。两者的规格尺寸相异，用户在选用时，一定要了解所连接管道的规格尺寸，选用与管道相匹配的管件。连接件主要包括接头、三通、弯头、堵头、旁通、插杆、密封紧固件等。

（三）控制、量测与保护装置

为了控制微灌系统或确保系统正常运行，系统中必须安装必要的控制、测量与保护装置，如阀门、流量和压力调节器，流量表或水表、压力表、安全阀、进排气阀等，其中大部分属于供水管网的通用部件。

（四）灌水器

灌水器的作用是把末级管道（毛管）的压力水流均匀而又稳定地灌到作物根区附近的土壤中，灌水器质量的好坏直接影响到微灌系统的寿命及灌水质量的高低。灌水器种类繁多，各有特点，适用条件也各有差异。按结构和出流形式可将灌水器分为滴头、滴灌带、微喷头、小管灌水器四类。

三、微灌施肥制度

微灌施肥的核心技术就是微灌施肥制度。微灌施肥制度包括灌溉制度和施肥制度两方面内容，灌溉制度包括确定作物全生育期的灌溉定额、灌水次数、灌水的间隔时间、一次灌水时间和灌水定额等。施肥制度包括作物全生育期的总施肥量、每次施肥量及养分配比、施肥时期、肥料品种等。微灌施肥制度就是针对微灌设备应用和作物目标产量的需求，将灌溉制度与施肥制度拟合形成的制度。我国微灌施肥制度的研究起步较晚，只有少数的蔬菜、果树形成了比较成熟的微灌施肥制度。从技术理论上讲，微灌改变了水在土壤中的运行规律，引起来养分在土壤中的运行规律的变化，加之，我国作物类型、气候特点和土壤条件复杂多样，农民种植管理水平和作物产量水平差异很大，给微灌施肥制度的制定带来了诸多不确定的因素。微灌施肥制度涉及水利、农学、土壤、肥料等多学科，特别是要紧密地与作物生长需水需肥特点结合，所以制定时有一定难度。通过多年实践，目前初步探索形成了微灌施肥制度拟定方法。

（一）施肥制度拟定方法

影响施肥制度的因素主要包括土壤养分含量、作物的需肥特性、作物目标产量、肥料利用率、施肥方式等。拟定施肥制度主要是采用目标产量法，即根据获得目标产量需要消耗的养分和各生育阶段养分吸收量来确定养分供应量。由于影响施肥制度的因素本身就很复杂，特别是肥料利用率很难获得准确的数据，因此，应尽可能地收集多年多点微灌施肥条件下肥料利用率数据，以提高施肥制度拟定的科学性和精确度。拟定施肥制度主要有以下几个步骤。

1. 确定作物目标产量　确定作物目标产量一般有两种途径：一是参考作物品种审定时提供的品种特性和产量潜力，在此基础上，按大田生产所能达到的水平确定一个产量目标；二是参考当地多年种植该品种常年获得的实际产量。在此基础上，还需要考虑生产管理水平、轮作制度、种植密度、生长期等。在没有滴灌施肥实践的情况下，第一年确定目标产量的时候，可依上年或上季的产量作为参考，控制增产幅度在 10％左右。

2. 计算养分吸收量　计算养分吸收量主要是计算实现目标产量所需要的大量元素氮（N）、磷（P_2O_5）、钾（K_2O）的施用量和比例。作物每 1 000 千克产量所需的氮（N）、磷（P_2O_5）、钾（K_2O）用量及其比例可从相关资料或试验中获得。表 4-1 为各地资料汇总结果，供参考。

表 4-1　部分作物单位产量的氮、磷、钾养分吸收量

作物	养分吸收量（千克/1 000 千克鲜重）			$N+P_2O_5+K_2O$	$N：P_2O_5：K_2O$
	N	P_2O_5	K_2O		
番茄	3.18	0.74	4.83	8.75	1：0.23：1.52
黄瓜	3.0	0.8	4.5	8.3	1：0.27：1.5
甜椒	4.91	1.19	6.02	12.12	1：0.24：1.23
茄子	3.65	0.85	5.75	10.25	1：0.23：1.58
西葫芦	5.47	2.22	4.09	11.78	1：0.41：0.75
菜豆	8.67	2.67	10.66	22.01	1：0.31：1.23
甘蓝	3.05	0.80	3.49	7.34	1：0.26：1.14
花椰菜	13.4	3.93	9.59	26.92	1：0.29：0.72
西瓜	2.9	1.05	3.3	7.25	1：0.36：1.14
生菜	2.0	0.36	3.6	5.96	1：0.18：1.8
草莓	4.33	1.67	5.0	11.0	1：0.39：1.15
苹果	3.04	0.8	3.2	7.04	1：0.26：1.05
梨	4.5	0.9	3.7	9.10	1：0.20：0.82
桃	2.97	1.22	4.9	9.09	1：0.41：1.65
葡萄	6.0	3.0	7.2	16.2	1：0.5：1.2
柑橘	1.85	0.27	2.61	4.73	1：0.15：1.41
香蕉	4.8~5.9	1.0~1.1	18~22	23.8~29	1：0.2：3.74
棉花（风干）	129	45	90	264	1：0.35：0.70
烟草（风干）	65	20	120	205	1：0.31：1.85
马铃薯	4.39	0.79	6.55	11.73	1：0.18：1.49
加工番茄	2~2.14	1.0	3.0~5.0	6.0~8.14	1：0.48：1.93

对于中量元素和微量元素，一是由于作物需求量少，二是由于

大部分中微量元素土壤中较丰富，一般不需要每季施用。当土壤中的中微量元素含量已经接近或低于临界值，并影响作物正常生产发育时，本着"因缺补缺"的原则，确定一个控制使用量，并主要通过基施施入。

3. 调整养分吸收量 调整养分吸收量主要依据土壤养分状况、有机肥料施用量、上季作物施肥量和产量水平及品种特性。在无任何参考依据时，也可以不进行养分吸收量（理论养分吸收量）的调整。

4. 计算应施入的养分量 养分的施吸比是某种养分施用量与被作物吸收量的比率。某种养分实际施用量的计算公式为：某种养分实际施用量＝养分吸收量×养分施吸比。表 4-2 是山东省各地试验得出的养分施吸比的参考数据。

表 4-2　山东省部分作物的养分施吸比

作物	养分施吸比		
	N	P_2O_5	K_2O
日光温室蔬菜	1.54～1.82	2.86～3.33	1.25～1.43
成龄苹果树	2.63～3.62	5.00～6.25	2.75～3.78
葡萄	1.67～2.00	2.00～2.67	1.67～2.08

5. 分配作物各生育时期养分施用量 同一种作物在不同生育时期，对各种养分吸收量及养分比例需求不同。在进行养分施用量分配时，一是要确定在各生长时期各种养分的施用比例，二是要确定各生育时期的各种养分施用量。例如，番茄保护地栽培普遍采用育苗移栽技术，幼苗定植后，生育时期分为苗期、开花期-结果期和结果-采收期。根据大量试验和实践经验，番茄苗期的养分施用总量为 6%，氮（N）、磷（P_2O_5）、钾（K_2O）施用比例为 2∶0.5∶1.5，据此分配氮、磷、钾肥施用量。依据作物每个生育时期的需肥特点，考虑作物对各种养分的敏感时期和最大效率时期等因素施肥，就可以实现作物需肥与施肥紧密结合。

6. 拟定施肥制度 根据作物目标产量，可以计算得出作物养分吸收量（理论值），然后根据土壤测试值、有机肥料使用量、上季作物施肥与产量表现、养分施吸比等进行养分吸收量的调整。在确定了作物不同生育时期的养分比例和使用量之后，就可以拟定作物的施肥制度，以标准化的形式明确养分总量、养分比例、施肥时期和施肥方式等。依据施肥制度，就可以编制施肥方案。施肥方案就是根据当地的肥料品种、肥料养分含量、有机肥料施用量等，把施肥制度按生产管理具体化。中量元素和微量元素肥料可以编制在施肥方案中。

（二）灌溉制度拟定方法

影响灌溉制度的因素主要包括土壤质地、田间持水量、作物的需水特性、作物根系分布、土壤含水量、微灌设备的每小时出水量、降水情况、温度、设施条件和农业技术措施等。灌溉制度中各项参数也是设备选择和灌溉管理的依据。

一般要根据各项参数的计算，可以最终确定在当地气候、土壤等自然条件下，某种作物的灌水次数、灌水日期、灌水定额及灌溉定额，使作物的灌溉管理用制度化的方法确定下来。由于灌溉制度是以正常年份的降水量为依据确定的，在实际生产中，灌水次数、灌水日期和灌水定额需要根据当年的降水和作物生长情况进行调整。如果在露天使用微灌设备，在雨季，即使作物不需要灌溉，为了施肥也要进行适量滴灌，灌水量只要满足滴灌施肥的需要即可。

（三）拟合微灌施肥制度

将灌溉制度和施肥制度拟合在一起形成的即为微灌施肥制度。微灌施肥制度拟合一般采用肥服从水、分阶段结合法，把作物各生育期的施肥量分配到每次灌水中。具体来说，就是要把作物全生育期中的灌水定额（一次灌溉水量）、灌水周期、灌水次数与作物全生育期需要投入的养分数量及其各种养分比例、作物各个生长时期所需养分数量及其比例等进行拟合。

四、主要作物微灌施肥制度简介

1. 日光温室越冬黄瓜滴灌施肥制度 黄瓜为喜钾喜氮作物，需氮肥和钾肥数量较大。全生育期内吸收 N、P_2O_5、K_2O 的比例为 1：0.63：1.36，在不同时期吸收比例不同，吸收量呈单峰曲线，盛瓜中期达最大值。根据黄瓜经济产量确定 N、P_2O_5、K_2O 用量，结合各地水肥一体化试验、农户调查结果，生产 20 000 千克黄瓜，氮、磷、钾化肥施用量确定纯养分为 247.1 千克，其中 N 87.6 千克、P_2O_5 59.5 千克、K_2O 100.0 千克。有机肥料以培肥土壤、调节土壤理化性状为主要目的，施用量按农民常规用量确定。灌溉定额为 351 米³，灌溉 31 次。

表 4-3 日光温室越冬黄瓜滴灌施肥制度

生育时期	灌溉次数	灌水定额（米³/亩）	每次灌溉加入的纯养分量（千克/亩）				备注
			N	P_2O_5	K_2O	$N+P_2O_5+K_2O$	
定植	1	30	18.0	15.0	32.0	65	沟灌
初花前期	1	12	0.0	0.0	0.0	0.0	滴灌
初花中后期	1	12	2.8	2.8	4.5	10.1	滴灌
结瓜初期	5	9	2.4	2.9	3.9	9.2	滴灌
结瓜中前期	8	11	2.4	1.9	3.5	7.8	滴灌
结瓜中后期	8	11	2.0	1.5	2.0	5.5	滴灌
结瓜末期	7	12	2.8	0.0	0.0	2.8	滴灌
全生育期合计	31	351	87.6	59.5	100.0	247.1	

注：目标产量为 20 000 千克/亩。

2. 日光温室越冬番茄滴灌施肥制度 番茄为喜钾需钙作物，需钾肥数量较大。根据番茄经济产量确定 N、P_2O_5、K_2O 用量，结合各地水肥一体化试验和农户调查结果，生产 10 000 千克番茄，氮、磷、钾化肥施用量确定纯养分为 138.9 千克，其中 N 49.1 千克、P_2O_5 24.3 千克、K_2O 65.5 千克。有机肥料以培肥土壤、调节土壤理化性状为主要目的，施用量按农民常规用量确定。钙镁依据土壤状况和有机肥料使用数量情况确定。灌溉定额为 231 米^3，灌溉 18 次。

表 4-4　日光温室越冬番茄滴灌施肥制度

生育时期	灌溉次数	灌水定额（米³/亩）	每次灌溉加入的纯养分量（千克/亩）				备注
			N	P_2O_5	K_2O	$N+P_2O_5+K_2O$	
定植	1	20	10.0	12.0	13.0	35.0	沟灌
苗期	2	8	0.0	0.0	0.0	0.0	滴灌
开花期	1	12	3.6	2.3	3.6	9.5	滴灌
结果初期	3	12	3.0	1.5	6.0	10.5	滴灌
采收前期	3	15	3.0	1.0	4.8	8.8	滴灌
采收盛期	5	12	2.0	0.5	3.3	5.8	滴灌
采收末期	3	14	2.5	0.0	0.0	2.5	滴灌
全生育期合计	18	231	49.1	24.3	65.5	138.9	

注：目标产量为 10 000 千克/亩。

3. 日光温室草莓滴灌施肥制度 草莓是苗期喜氮、结果期喜钾、养分需求全面的作物。根据草莓经济产量确定 N、P_2O_5、K_2O 用量，结合各地水肥一体化试验、农户调查结果，生产 3 000 千克草莓，氮、磷、钾化肥施用量确定纯养分为 53.5 千克，其中 N 17.6 千克、P_2O_5 13.3 千克、K_2O 22.6 千克。有机肥料以培肥土壤、调节土壤理化性状为主要目的，施用量确定为 4 000～5 000 千克/亩，为改善草莓品质施用腐熟饼肥 100 千克/亩。灌溉定额为 279 米^3，灌溉 37 次。

表 4-5　日光温室草莓滴灌施肥制度

生育时期	灌溉次数	灌水定额（米³/亩）	每次灌溉加入的纯养分量（千克/亩）				备注
			N	P₂O₅	K₂O	N+P₂O₅+K₂O	
定植	1	10	3.6	6.2	5.0	14.8	滴灌
定植-现蕾	9	7	0.0	0.0	0.0	0.0	滴灌
现蕾-开花	1	4	1.2	0.5	1.2	2.9	滴灌
果实膨大期	1	7	1.0	1.0	1.0	3	滴灌
	1	7	0.0	0.0	0.0	0.0	滴灌
	4/2★	7	1.9	0.8	1.7	4.4	滴灌
果实采收期	20/10★	8	0.8	0.4	1.2	2.4	滴灌
全生育期合计	37	279	17.6	13.3	22.6	53.5	

注：目标产量为 3 000 千克/亩。★ 隔次施肥，即每灌溉 2 次，施一次肥。

第五节　茄果类蔬菜嫁接育苗技术

一、嫁接的主要目的

　　茄果类蔬菜通过嫁接主要解决土传病害、连作和高产问题，今后有可能面对的是土壤的次生盐渍化问题和提高茄果类产品安全的必要措施。嫁接具有将两个品种的优势结合在一起，充分发挥砧木的抗病性、抗逆性和强大的根系，接穗的优质高产的特点，操作简单，成本低，易于推广应用的优点，相对于土壤消毒和轮作在生产具有更好的应用效果。

　　1. 茄子嫁接　茄子嫁接主要是解决黄萎病和根线虫危害，茄子嫁接经过多年应用于生产，茄子嫁接技术已应用范围较广，目前保护地种植的茄子基本上实现了嫁接栽培，部分露地种植的茄子开始应用。

　　2. 辣（甜）椒嫁接　辣（甜）椒嫁接主要解决根腐病和青枯

病，山东保护地栽培目前以解决根腐病为主要目标，根腐病主要由疫霉菌引起，特别是种子价格较高，效益较高的彩椒种植区嫁接应用面积呈上升趋势，辣椒种植区根腐病和青枯病严重的地区开始逐步应用嫁接方法。

3. 番茄嫁接　番茄嫁接主要解决根线虫、青枯病和根腐病，山东省主要解决根线虫的危害。中国南方是以解决青枯病为主，自2010 年寿光番茄根腐病发病呈上升趋势，为今后应用嫁接防治提供技术基础。

目前番茄品种培育上取得很大进展，特别是对根线虫和根腐病，达到了以品种抗性来解决，目前种植的主导品种基本解决了北方的番茄土传病带来的问题，北方番茄嫁接量较少，目前生产上尚未进入大量嫁接应用阶段，今后番茄连作问题的加重，嫁接苗的生产优势将逐渐显示出来。

二、砧木选择

砧木品种选择是嫁接成败的决定性因素，主要取决于砧木的以下几方面的特性：

1. 抗病性和抗逆性　砧木的抗病性，决定砧木在病害的环境中能否正常生长，在主要抗性目标下病菌（线虫）的侵袭条件下，生长正常；对当地气候适应性较好，在当地天气下生长良好，对当地不良天气抵抗能力较好。不同的砧木品种适应不同的种植季节，特别是保护地栽培条件下，适于越冬栽培的砧木不一定在夏季生产中表现优秀，夏季的砧木越冬生产有可能出现较大的问题。

2. 亲和性　砧木的亲和性主要包含两个方面：一是苗期亲和性，即嫁接后，砧木与接穗的亲和成活性，需要两者在嫁接后，愈合期较短，能迅速生长成为一株健壮苗，亲和性差的砧木，表现为成活期较长，需要嫁接后遮光时间较长，嫁接后苗生长较慢；二是成株期，特别是进入结果期后，砧木和接穗要生长一致，植株均衡生长，亲和性差的表现为砧木与接穗生长不均衡，部分植株形成老化苗、大头小根、果实品质变劣，商品性降低，产量下降。

3. 对接穗果实和品质的影响　部分砧木具有较强的活力特性，能充分发挥接穗的生长特点，在番茄上表现出果实硬度发生变化，果实个头变小，部分果实出现涩味；茄子上表现出果实果色变化，果实由黑色变为红色为常见，果实辣（甜）椒嫁接中，辣椒表现不明显，甜椒发生，植株节间变短，植株矮化，果实变短（果型指数发生变小），甜椒中有显著的辣味，影响彩椒产品质量。

4. 砧木与接穗的互作　生产中砧木与接穗的作用是互相的，同一砧木品种与多个接穗进行嫁接，不同接穗品种间表现出显著的差异；同一接穗品种与多个砧木品种进行嫁接，表现是显著差异。需要在生产中针对接穗品种的不断更换，对砧木与接穗进行相应的配对选择，以实现当地生产的最佳组合。

嫁接苗连续应用一种砧木，主要防治目标的致病性和侵染能力会发会变化，导致能有砧木上侵染寄生的生理小种（株系）成为优势种群，能够对砧木生长造成一定危害，影响茄果类蔬菜生长，需要对砧木进行不断更新，减少其危害。山东省寿光市部分连续应用嫁接苗根线虫开始侵染茄子砧木托鲁巴姆，根系上生出根瘤，影响茄子生产。

三、嫁接设施

茄果类蔬菜苗嫁接设施选择，夏季配备降温、通风、遮光、除湿和补湿的设备，冬季配备能加温、遮光、补光、除湿和补湿的设备，目前生产中可分为两类：一是育苗拱棚（包括大型连栋拱棚），二是日光温室。

1. 苗床　规模化生产宜配备苗床，苗床应该与地面进行隔离，是周年育苗的必备条件之一。

2. 地面处理　地面应进行硬化处理，并设计成一定比降，地面准备集水坑，进行浇水后多余的水分自动流到集水坑中采用排污泵排出育苗室。硬化的地面，在高温时可洒水进行降温；对育苗室进行消毒处理可做到彻底充分；适合配备地面加湿设备。

3. 调温设备　需要配备风机与湿帘，同时对通风口需要加强防虫网，育苗室中可加装环流风机，以增加强降温效果。冬季生产需要配备加温设备，以暖风空调为宜。同时配备补光灯。

4. 遮阳网　遮阳网分为两部分：一是整个育苗室的遮阳网，宜为活动式，可将整个育苗室的光照降低到一定的光强需要；二是嫁接后用于苗床遮阳的，宜为活动式。

5. 黄板和防虫网　夏季育苗室中需要挂黄板和蓝板对粉虱、蓟马进行防除，出入口应配备防虫网，减少虫子进入。

6. 嫁接拱棚　现在生产中有盖平膜和拱棚两种方法，平膜操作简单，易于保湿；拱棚建造需要材料和人工，可建造活动式嫁接拱棚，拱棚在夏季可便于降温，冬季盖膜后有利于提高温度。拱棚可根据需要覆盖薄膜、无纺布、遮阳网。夏季高温时可对拱棚进行喷水降温。

7. 操作台　与活动式嫁接室相配套，长度 80 厘米，宽度 60 厘米，高度 50 厘米，用于嫁接。

8. 嫁接室　多用于夏季，可采用遮阳网搭建，主要是嫁接时遮强光，便于进行相应有消毒操作。

9. 保温材料　主要有草帘、遮阳网、保温被、无纺布等，嫁接后，需要使嫁接的苗保持一定的温度，特别是早春和秋末，早晚温度较低时需要保温材料对嫁接苗床进行保温；中午阳光强烈时，保温材料可用于遮阳和降温。

四、嫁接方法

嫁接方法较多，根据生产中应用情况介绍以下几种方法：

1. 套管嫁接　与传统的嫁接方法相比，能很好保持接口周围水分，阻止病原菌的侵入，提高嫁接成活率，且套管会在作物生长过程中自动脱落，不用人工去除。

套管嫁接速度较快，每人每天可嫁接 2 000 株，但受套管材料影响，也常遇到一些问题：①苗茎偏粗时嫁接较困难。②目前国内生产专用嫁接套管的厂家较少，生产的套管价格较高，在采用气门芯胶管时常遇到由于胶管弹性不够、嫁接困难造成苗茎受损伤。鉴于以上问题，嫁接时应采购适合的套管。

套管嫁接操作中易出现切口对接不到位，造成成活率降低；套管易出现污染，造成病害流行。

2. 单斜面嫁接　将砧木和接穗各切出长1厘米左右的单斜面，将两者对齐后，再用嫁接夹子夹好。该嫁接方法，一定要对接完全，在嫁接后运输、管理中易发生脱离问题。该嫁接方法嫁接速度较快，每人每天可达到2 500～3 000株。

3. 劈接　在砧木与接穗生理年龄相同片进行横切，砧木不留叶片，然后从中间纵切1厘米深左右。接穗留2～3片叶，用刀片将苗茎削成对称的双斜面，长0.6～1.0厘米。然后把削好的接穗插入削好的砧木内，要插到底不留缝隙，再用蔬菜专用嫁接夹固定。如有间隙，嫁接苗成活后砧木茎会有开裂现象，接穗也会从砧木空隙长出不定根，影响嫁接效果。嫁接夹有圆口和平口两种。番茄劈接，由于采用穴盘育苗，苗茎偏细，宜采用圆口嫁接夹；辣（甜）椒苗茎极细时宜采用平口夹。

该嫁接方法优点：嫁接后，接穗与砧木结合较紧密，较少出现对接不良，接口面积大，易形成伤愈组织，成活较快。每人每天可嫁接2 000株。是目前应用的主要方法。

4. 靠接、插针嫁接、小苗插接方法　在生产应用较少。

五、砧木和接穗的培育

嫁接前砧木和接穗必须是健康苗，不能带病进行嫁接，特别是具有毁灭性的病虫害的苗，必须将病害治好后，经过一段时间观察无病方能进行嫁接。

砧木和接穗品种选择好后，需要根据不同品种生长特性进行播种，以嫁接时易于操作和成活率高，秧苗质量高为目标进行准备。

1. 茄子　砧木品种中托鲁巴姆需要进行提前催芽，一般托鲁巴姆夏秋季提前60天播种，冬春季提前80天播种，砧木种子较小，多采用先播种在平盘中，长到3叶1心时定植到72或50孔的穴盘中；接穗播种在105或128孔的穴盘中，砧木长到10厘米高时，进行适当控制，促进砧木变粗，达到 15 厘米左右时可进行嫁接；接穗生长到 3 叶时进行适当控制，促进接穗生长粗壮，4～5 叶 1 心时进行嫁接。

2. 辣（甜）椒　砧木和接穗可同期播种，苗高 12～15 厘米，4～5 叶 1 心时即可进行嫁接。

3. 番茄　砧木与接穗同期播种（樱桃番茄可适当早播 3～5 天），番茄苗长到 12～15 厘米时进行嫁接。

嫁接前对砧木和接穗进行炼苗处理，提高苗的健壮程度，提高干物质含量，提高嫁接可操作性，提高嫁接成活率和苗嫁接后质量。

六、嫁接管理

（一）嫁接前处理

1. 场地和苗床消毒　对嫁接场地、操作台、运苗车、嫁接工具及周围环境进行消毒处理，可采用次氯酸 2 000 倍液进行喷洒；对嫁接刀具进行消毒，操作人员洗手。

2. 砧木处理　嫁接前 2 天对砧木进行分苗，将小弱苗挑出，将苗盘补满；嫁接前将苗盘浇足水，将砧木上部用刀平削去，高度根据砧木的生长和嫁接需要来确定，以砧木和接穗嫁接后生理年龄一致，砧木不留叶片；嫁接前对砧木进行消毒处理。

3. 接穗处理　嫁接前，将接穗中弱苗和小苗挑出，选择整齐、健壮的接穗进行嫁接，嫁接前对结穗进行适当浇水和消毒处理。多采用杀菌剂进行，50％百菌清可湿性粉剂 1 000 倍液进行喷洒。

4. 嫁接室处理　嫁接时根据嫁接后苗床的位置选择适宜的位置建好嫁接室，对嫁接室、操作台进行遮阳和相应的消毒处理。

5. 苗床准备　嫁接时，对嫁接苗放置的苗床进行消毒处理，并对地表进行保温和保湿处理。根据季节不同准备相应的覆盖材料。

（二）嫁接

1. 嫁接人员要求　嫁接工人要求操作技术熟练，能将嫁接苗准确嫁接好。

2. 嫁接场所卫生要求　嫁接场所对切下的砧木和接穗的废料要及时清理出嫁接场所，在嫁接时需要及时运走。

3. 嫁接前接穗和砧木苗运输　嫁接前接穗和砧木运到嫁接场所时需要注意温度，特别是冬季低温和夏季高温季节，不能将其冻坏或高温灼伤。冬季建议在中午温度高时运输，并用薄膜进行包裹保温。

4. 嫁接　嫁接时采用劈接法，砧木和接穗选择生理年龄相接近的部位进行切削，一般在生长点下开始形成正常茎部组织的位置。将砧木削切好后，对砧木苗盘进行一次消毒，防止病害从伤口处感染；对嫁接的刀具和夹子经过消毒后备用，嫁接夹根据接穗和砧木粗细来选择，一般苗粗时选平口夹，苗细时选圆口夹；再用夹子仔细夹好，夹好后，接穗与砧木不发生滑动。番茄进行嫁接时，需要对切好的砧木晾一下，待砧木切口上的伤流液不再流出时再进行切口和嫁接操作；嫁接进行切削的刀具要求嫁接 3~5 株，在消毒剂中浸一下进行消毒，放在木板上晾干后再使用，防止交叉感染。

5. 嫁接后　及时将苗盘摆放在苗床上，并进行盖膜或放入拱棚内保温保湿，注意动作要轻，防止接穗与砧木滑脱。

（三）嫁接后管理

1. 温度　茄果类嫁接后适宜伤口愈合的温度为 20~23℃，温度过高或过低均对伤口愈合有不利影响；嫁接后应控制最高温度不超过 40℃ 或低于 15℃。采用嫁接拱棚的优势是可以更好的调节温度。

2. 湿度　一是基质的湿度，基质的含水量保持在 80% 左右，基质水分过大易引进沤根和病害发生。二是空气湿度，嫁接空气湿度保持在 95% 左右，一般采用盖薄膜保湿；嫁接后一天（经过一个晚上），需要进行适当的通气，在上午将遮光和保湿膜揭去进行通风，同时检查基质的含水量，确定是否需要补水，对病害发生情况进行检查，及时对病害进行相应的处理，晾时待叶片上水滴基本晾干后，再盖上薄膜和遮阳网。下午光强降低后需要揭开再晾一次，同时对有病害的植株进行喷药和其他处理。

3. 光照 嫁接后，避免阳光直接照射，建议能见到散射光，一般前3天控制在1万～2万勒克斯以下，3天后逐渐加强。适宜的光照促进叶片的蒸腾作用，有利于输导组织的愈合。嫁接后见散射光有利于嫁接伤口愈合，提高秧苗质量。

4. 水肥 嫁接后，叶片光合能力弱，以吸水为主，一般可不进行追肥。

嫁接苗经过10天左右的遮光和炼苗后，嫁接部位形成新的输导组织，在强光下不再萎蔫，即可转入正常管理，进行追肥。嫁接苗需要长出1～2片新叶后，才可出圃。

（四）注意嫁接后异常天气的管理

1. 夏季的高干燥天气 强光高温，蒸发量大，易造成嫁接苗脱水死亡，管理以遮光和降温为主；开启风机和湿帘，进行降温，将育苗室遮阳网覆盖，减弱育苗室内的温度；育苗室内温度过高时，可在地表进行喷水降温，苗床上膜下温度过高时（接近30℃）时，将膜揭起，可用喷雾器对苗喷水雾进行降温。

2. 夏季的高温高湿天气 高温、高湿、光照较弱，属于典型的"桑拿"天气，对嫁接苗影响大，是夏季造成嫁接苗成活率低、秧苗质量降低的主要天气之一，对嫁接后1～3天内的苗影响大，此期管理措施是加大育苗室的通风，特别是晚上通风尽量不停止，在这种天气状况下，白天育苗室风机和湿帘需要启用，开启辅助的环流风机，加大通风量；白天整个育苗室在加盖遮阳网的情况下，苗床早晚可不盖膜，仅在中午温度较高时盖膜进行保湿。

3. 春秋季昼夜温差较大的天气 白天育苗棚中在阳光照射下，可以达到25℃以上，夜间的温度降到15℃左右（天气预报）。对嫁接苗成活率有较大影响，对嫁接后伤口愈合期的苗影响较大，是造成愈合期延长，降低苗的质量和活力，形成整批老化苗的主要因素，同时易导致病害的发生。

4. 夏季连阴天气 夏季出现连阴天育苗室内温度和湿度较适

宜于嫁接苗生长，可减少盖膜时间，连阴天后出现的晴天强光时，应对嫁接苗进行遮光保护，防止出现暂时性脱水，降低成活率。

5. 雪天管理　冬季连阴天和雪天时光照弱，温度低，需要进行加温时，热空气相对湿度较低，需要加强对嫁接苗的保湿，防止加温暖风直接吹到苗上；在阴天育苗室拉起草帘（保温被）时进行弱光照射，可揭去苗床上盖膜提高光入射和加强通风；雪后晴天需防强光。

6. 低温伤害　嫁接苗伤口愈合期对温度较敏感，低于15℃对嫁接成活有显著不良影响：一是伤口愈合期延长；二是嫁接苗质量降低；生长势弱，定植后迟迟不能正常生长；三是生殖生长与营养生长失调，形成花打顶问题。

7. 强光和通风过量　嫁接苗管理中出现强光和通风量过大时，出现叶片萎蔫，严重时造成叶片脱水干枯及至整株死亡，应进行遮光减少通风量，叶面喷水进行应急处理。

（五）嫁接中常见生理性问题

1. 基质含水量　基质含水量过大，嫁接后根系吸水量减少，导致病害发生，根系沤烂，特别是夏季高温季节，喷水降温导致基质长时间湿度过大，根系功能弱光，根颜色发生变黄化乃至褐变，是造成砧木根系功能衰老，影响嫁接苗质量，茄子和番茄砧木根再生能力强，能够继续生长，辣（甜）椒砧木根系再生能力弱，易造成大量死亡。基质含水量过低时，接穗易出现萎蔫不利于伤口愈合。

2. 温度失调　嫁接后温度过低，伤口愈合期延长，秧苗质量降低，苗生长慢，特别是嫁接后3天内15℃以下的低温。温度过高时，砧木从伤口处有伤流液引起的砧木和接穗烂。

3. 成株选择接穗问题　嫁接生产中因为接穗种子价格较高和接穗培育需要较长的时间，嫁接中采取从成株上选取芽来作为接穗进行嫁接。其优点是成本降低，适于菜农散户生产，对规模化嫁接来说从成株上取接穗有以下制约之处：

（1）接穗一般较粗大，与穴盘培育的砧木不配套，同时接穗生长速度较快，含水量较高，嫁接后成活率低，嫁接后苗的质量较差。

（2）接穗选择中，茄子和番茄可以选择侧芽，辣（甜）椒对顶芽不能进行嫁接，只能选择主干上的萌芽。

（3）连续进行嫁接多年接穗对生产影响。从成株上连续进行选取萌芽进行嫁接，导致接穗出现一定程度退化，表现出产量降低，植株抗逆能力降低。

七、嫁接苗的运输

茄果类嫁接苗，适宜带苗盘进行运输，运输过程中宜保持较低的温度，短距离可采用苗架进行运输，长距离可采取装箱进行运输，长途运输前对秧苗进行适当控水，有利于保持秧苗较高的活性。

八、嫁接苗定植中注意的问题

1. 嫁接苗定植期选择　番茄类蔬菜通过嫁接后，特别是嫁接后的弱光和伤口愈合，幼苗生长受影响显著，表现为花芽分化受影响，特别是第一穗（朵）花，多发育不良。生产中需要及时将第一穗（朵）花去掉。这样与实生苗相比，开花和坐果时间延迟，需要将定植期提前，春夏提前 7 天左右，秋冬季提前 10 天左右。

2. 定植深度　嫁接苗砧木根系强大，发育速度快，抗逆性强，一般需要浅栽，即地表与基质块平齐即可，嫁接苗定植后不宜进行培土，特别是培土时不能将嫁接处培上土，培土后，接穗上易生产不定根，造成接穗生长不良、果实品质降低和土传病害的发生，丧失嫁接的优势。

3. 嫁接苗定植管理　对于嫁接夹，不用除去，可任由植株生长将夹子撑掉即可；对于砧木上长出的芽，需要及时进行摘除。

4. 果实留果问题和植株调整　茄果类蔬菜嫁接后，苗期生长较实生苗弱，在留果时需要将第一穗果（门果）去掉，以培养健壮的植株。嫁接苗进入结果期后生长旺盛，需要及时进行整枝和疏果。

九、影响茄果类规模化嫁接的主要因素和茄果类嫁接的方向

1. 嫁接工人的操作技术　目前山东省茄果类蔬菜嫁接基本上是人工进行，是劳动密集型生产方式，不同工人间嫁接成活率和苗质量不同；随着嫁接人工成本上升，嫁接苗生产具有季节性和突击性，生产高峰期需要嫁接工人多，嫁接工人水平差距导致嫁接成活率降低，苗质量降低；嫁接熟练工人成为制约生产的主要因素之一。

2. 嫁接苗生产效率　嫁接苗需要分别培养接穗和砧木，再进行嫁接和嫁接后管理，生产周期长，每平方米只能培育 200 株嫁接苗，夏秋季需要 50 天以上，冬春季需要 60 天以上，生产效率低下，不能满足规模化茄果类生产的需要。

3. 嫁接后管理的制约　茄果类嫁接苗生产具有突击性，大量嫁接苗在管理上多表现出人手不足，特别是夏季在暴雨、高温、强光；冬季的降雪、低温、弱光不利天气情况下，多出现管理不到位，造成大量嫁接苗因管理问题出现弱苗和大量死亡问题。是目前嫁接的主要制约因素。

4. 育苗面积制约　茄果类嫁接苗需要较大育苗面积，一个生产周期较长，育苗企业在生产嫁接苗时，多受育苗面积制约，导致嫁接苗生产量受限制。

5. 环境调控制约　目前生产中育苗生产设备对高温、低温、强光、弱光时，设备配备不足，对环境调控能力不足，导致育苗室环境条件不利于嫁接苗伤口的愈合，在出现不良天气时，造成大量毁苗。特别是高温季节加活动通风设备，冬季加强增温设备和补光设备。

6. 机械化和自动化　目前人工嫁接存在嫁接速度慢，每个工 2 000 株左右；嫁接人工费高，目前每株苗嫁接成本最低 0.07 元；操作不一致等问题，促使嫁接苗企业向机械化和自动化方向发展，以应对高人工费时代的到来，同时机械可实现嫁接的一致性和整齐

度，为标准化生产提供必要的生产条件。

7. 宜地嫁接　嫁接苗生产相对种子实生苗需要更好的环境调控设备，可在适宜的地区育苗，实行嫁接苗长距离带盘运输。

8. 与标准化生产相结合　目前各个育苗企业和不同地区菜农对茄果类嫁接苗的要求不一致，需要根据不同苗龄和叶龄的嫁接苗，定植后不同的管理方式对嫁接苗的标准要求进一步应用研究，提高嫁接苗的生产效益和种植优势发挥。

9. 病理研究和新品种应用相结合　嫁接苗砧木需要不断根据生产中防治对象进行调整，茄果类产品质量安全问题可通过嫁接来减少部分农药的用量，及时解决砧木和接穗品种以满足生产需要。

第五章 蔬菜新优品种

第一节 大白菜

一、青研春白4号

青岛市农业科学研究院选育。春白菜品种。株高 42 厘米，开展度 54 厘米，外叶半直立，叶色浅绿，白帮，叶面稍皱、刺毛较少。叶球直筒形，球叶合抱，球高 32 厘米，球径 14 厘米。球顶部叶黄白色，内叶浅黄色。生长期 69 天，单球重 1.8 千克，冬性较强。高抗病毒病，抗霜霉病。

适宜 3 下旬至 4 月初露地直播，平畦覆盖地膜。行距 50 厘米，株距 40 厘米，每亩 3 000～3 300 株。重施基肥，提前造墒，播种前多次刨翻畦面提高地温，生长前期适当控制浇水，天气转暖后，及时追肥浇水。当球叶顶部微露黄心，叶球基本紧实时收获上市。

二、喜旺

莱阳华绿种苗有限公司选育。春白菜品种。株高 40 厘米，开展度 52 厘米，外叶较上冲，叶色翠绿，白帮，叶面稍皱，叶缘少量刺毛。叶球炮弹形，球叶合抱，球高 32 厘米，球径 17 厘米。球顶部叶黄白色，心叶嫩黄色。生长期 65 天，单球重 1.8 千克，冬性较强，商品性好。抗病毒病（TuMV），中抗霜霉病。

适宜 3 下旬至 4 月初露地直播，平畦或起垄覆膜栽培。行距 50～60 厘米，株距 40 厘米，每亩 3 000 株左右。重施基肥，提前造墒，播种前多次刨翻畦面提高地温，生长前期适当控制浇水，天气转暖后，及时追肥浇水。

三、青研夏白 3 号

青岛市农业科学研究院选育。夏白菜品种。株高 39 厘米，开展度 63 厘米，外叶半直立、绿色，帮绿白，叶面泡皱、刺毛较少。叶球短筒形，球叶叠抱，球高 24 厘米，球径 14 厘米。球顶部叶浅绿色，泡皱较多，球内叶黄白色。生长期 52 天，单球重 1.2 千克，耐热性较好。高抗病毒病（TuMV），抗霜霉病。

适宜 6 月中、下旬播种，小高垄栽培，行距 50～55 厘米，株距 35 厘米。施足基肥，肥水管理以促为主，注意排涝，及时防治病虫害。其他管理措施同一般同类品种。

四、靓根 CR1

胶州市东茂蔬菜研究所选育。夏白菜品种。株高 20 厘米，开展度 40 厘米；外叶较披张，绿色，帮绿白、较平厚，叶面稍皱。叶球直筒形，球叶扣抱，球顶圆，球高 20 厘米，球径 15 厘米。球内叶黄白色。生长期 53 天，单球重 1.1 千克，耐热性较好。高抗病毒病（TuMV），中抗霜霉病。

适宜 6 月中、下旬播种，小高垄栽培，行距 50 厘米，株距 30～35 厘米。施足基肥，肥水管理以促为主，注意排涝，及时防治病虫害。其他管理措施同一般同类品种。

五、青研桔红 1 号

青岛市农业科学研究院选育。秋白菜早熟品种。株高 41 厘米，开展度 70 厘米，外叶较披张，叶色绿，浅绿帮，叶面皱缩、刺毛较少。叶球短筒形，球叶合抱，球顶略舒，球高 28 厘米，球径 18 厘米。球外叶绿色，内叶橘黄色。生长期 69 天，单球重 2.1 千克，风味佳，品质优。高抗病毒病（TuMV），中抗霜霉病。

适宜 7 月下旬或 8 月上旬露地起垄直播或育苗移栽。行距 65 厘米，株距 40 厘米，每亩 2 500 株左右。成熟后及时收获上市，不宜贮藏。

六、潍白 70

潍坊市农业科学院选育。秋白菜中熟品种。株高 38 厘米,开展度 40 厘米,外叶较直立,叶色浅绿,帮白而薄,叶面较平展、无刺毛。叶球高桩直筒型,球叶合抱,舒心,球高 38 厘米,球径 16 厘米。球内叶浅黄色。生长期 72 天,单球重 2.4 千克。抗病毒病,中抗霜霉病。

适宜 7 月下旬露地直播,起垄栽培。行距 60 厘米,株距 45～50 厘米,每亩 2 300～2 500 株。肥水早攻,一促到底。

七、潍白 69

潍坊市农业科学院选育。秋白菜中晚熟品种。株高 60 厘米,开展度 60 厘米×60 厘米,生长势强,外叶上冲,叶色绿,叶柄较白,叶面较皱、叶缘波浪状、无刺毛。叶球高桩直筒形,球叶合抱,球顶舒心,球高 55 厘米,球径 20 厘米。球外叶浅色,内叶淡黄色。生长期 88 天,单球重 4.6 千克。高抗病毒病(TuMV),中抗霜霉病。

适宜 8 月中旬露地起垄直播。行距 70 厘米,株距 45～50 厘米,每亩 2 000 株左右。应重施基肥,多施土杂肥,水肥早攻,一促到底。

八、金盛 219

黄心白菜品种,叶球圆筒形,底部平,球形漂亮。定植后 55 天左右可收获,球高 27～32 厘米,横径 16～20 厘米。内心金黄色,心色饱满,菜帮顺直,中心柱短,耐抽薹能力较好,适合春季种植。

九、锦宝三号

秋白菜品种,早熟性好,定植后 50 天左右成熟。叶球半叠抱,抱球紧实,球形稍大头近圆柱形。外叶深绿,内叶嫩黄,抗病能力强，对黑斑病、病毒病有抗性。适合秋季抢早上市种植。

十、口口金

中棵型黄心白菜品种，球高25～27厘米，横径14～16厘米，单球重1.5～2.1千克。外叶绿色，内心金黄，口味佳，品质好。叶球合抱，抱球较紧实，近H型，棵形较小，可适当密植。耐抽薹能力较好，适合春季栽培。

第二节　黄瓜

一、青研黄瓜2号

青岛市农业科学研究院选育。华南型保护地品种。生长势强，叶色绿，主蔓结瓜为主，雌花节率84.2%，平均第一雌花节位3.9节，熟性早。瓜短圆筒形，皮色浅绿，瓜条顺直，瓜表面光滑无棱沟，刺瘤白色，小且稀少，瓜长21.4厘米，横径3.2厘米，平均单瓜重121.2克。果肉淡绿，质地脆嫩，风味口感好。耐低温性好。

早春保护地栽培，2月上中旬播种，3月中下旬定植。一垄双行，大行距90厘米，小行距40厘米，每亩栽植3 500～4 000株。5节以下的侧枝全打掉，上部侧枝见瓜后留1～2叶摘心。其他管理措施同一般同类型品种。

二、青研黄瓜3号

青岛市农业科学研究院选育。华南型保护地品种。生长势强，叶色绿，主蔓结瓜为主，雌花节率86.2%，平均第一雌花节位3.9节，熟性中等。瓜短棒形，皮色绿，瓜条顺直，瓜表面光滑无棱沟，刺瘤白色，小且稀少，瓜长18.9厘米，横径3.2厘米，平均单瓜重120克。果肉淡绿，质地脆嫩，风味口感好。耐低温性好。

早春保护地栽培，2 月上中旬播种，3 月中下旬定植。一垄双行，大行距 90 厘米，小行距 40 厘米，每亩栽植 3 500～4 000 株。5 节以下的侧枝全打掉，上部侧枝见瓜后留 1～2 叶摘心。其他管理措施同一般同类型品种。

三、翡秀

烟台市农业科学研究院选育。欧洲温室型品种。生长势强，叶色深绿，主蔓结瓜为主，雌花节率 105.1%，平均第一雌花节位 3.5 节，熟性早。成瓜快，回头瓜多。瓜短棒形，皮色绿有光泽，瓜条顺直，表面有浅棱沟，无刺毛，瓜长 17.4 厘米，横径 3 厘米，平均单瓜重 98 克。果肉厚、淡绿色，心腔细，质地脆嫩，风味口感好。耐低温性好。

早春保护地栽培，2 月上中旬播种，3 月中下旬定植。管理行 50 厘米，栽植行 70 厘米，起双垄栽培，垄高 15～20 厘米，垄宽 25～30 厘米，株距 26～30 厘米，每亩栽植 4 000 株以上。其他管理措施同一般同类型品种。

四、冬灵 102

山东省农业科学院蔬菜花卉研究所选育。华北型保护地品种。植株长势强，秋季延迟栽培生长期 150 天左右。种子扁平，呈长椭圆形，黄白色，千粒重 26～29 克。叶片掌状五角形，中等大小，绿色。主蔓结瓜为主，第一雌花节位 5 节以下，瓜码密，雌花节率 80% 以上，早熟性好。连续坐瓜能力强，果实发育速度快。盛瓜期商品瓜瓜长约 38 厘米，把长约 5.5 厘米，把瓜比近 1/7；单瓜重约 240 克。皮深绿色、有光泽，瘤中等大小，刺密，棱沟略浅，商品性好。果肉浅绿色，风味品质好。

大、中拱棚或日光温室秋延迟栽培，一般于 8 月上、中旬穴盘播种育苗，8 月下旬至 9 月上旬定植，畦宽 1.2 米，每畦 2 行，株距 25～30 厘米，亩栽 3 500～4 000 株。苗期适当蹲苗，根瓜采收后加强肥水管理。及时清理老叶、落秧。后期注意控水，促进回头瓜。其他管理措施同一般同类品种。

五、新津 11 号

寿光市新世纪种苗有限公司选育。华北型保护地品种。植株生长势强，秋季延迟栽培生长期 150 天左右。种子扁平，呈长椭圆形，黄白色，千粒重 26～30 克。叶片掌状五角形，叶片较大，绿色。主蔓结瓜为主，第一雌花节位 5～6 节，雌花节率为 48%。盛瓜期商品瓜瓜长约 37 厘米，把长约 6.5 厘米，稍细长，把瓜比 1/6 左右；单瓜重 244 克。皮深绿色，有光泽，瘤中等大小，刺密，棱沟略浅，商品性好；果肉浅绿色，风味品质一般。

大、中拱棚或日光温室秋延迟栽培，一般于 8 月上、中旬穴盘播种嫁接育苗，8 月下旬至 9 月上旬定植，大小行起垄栽培，亩定植 3 000～3 300 株，覆盖地膜；根瓜采收后加强肥水管理。2～3 叶留 1 瓜，单株同时留瓜数 3 条左右，达到商品瓜标准时及时采收。其他管理措施同一般同类品种。

六、中农 116 号

中国农业科学院蔬菜花卉研究所选育。华北型保护地品种。植株生长势中等，秋季延迟栽培生长期约 150 天。种子扁平，呈长椭圆形，黄白色，千粒重 28～31 克。叶片掌状五角形，中等大小，绿色。主蔓结瓜为主，第一雌花节位 7 节左右，雌花节率 37.3%。盛瓜期商品瓜瓜长约 35 厘米，把长 5.1 厘米，较粗，把瓜比约 1/7；单瓜重 244 克，皮深绿色、有光泽，瘤小，刺密，棱沟不明显，商品性好；果肉浅绿色，风味品质好。

大、中拱棚或日光温室秋延迟栽培，一般于 8 月上、中旬穴盘播种育苗，8 月下旬至 9 月上旬定植，亩栽 3 300～3 500 株。根瓜采收后加强肥水管理。打掉基部侧枝，中上部侧枝见瓜后留 2 叶掐尖。生长中后期可结合防病喷叶面肥 6～10 次。及时清理老叶、落秧。其他管理措施同一般同类品种。

七、津优 35

天津市黄瓜研究所选育，植株长势中等，叶片中等大小，主蔓结瓜为主，瓜码密，回头瓜多，瓜条生长速度快。早熟性好、耐低温、弱光能力强。抗霜霉病、白粉病、枯萎病，瓜条顺直，皮色深绿、光泽度好，瓜把短，刺密、无棱、瘤小。腰瓜长 34 厘米左右。不化瓜、不弯瓜，畸形瓜率低。单瓜重 200 克左右。果肉淡绿色，商品性佳。生长期长，不易早衰。适宜日光温室越冬茬及早春茬栽培。

八、中农 26

中国农业科学院蔬菜花卉研究所选育，普通花性杂交种。中熟，植株生长势强，分枝中等，叶色深绿、均匀。以主蔓结瓜为主，早春第一雌花始于主蔓第 3～4 节，节成性高。瓜色深绿、亮，腰瓜长约 30 厘米，瓜把短，瓜粗 3 厘米左右，心腔小，果肉绿色，商品瓜率高。刺瘤密，白刺，瘤小，无棱，微纹，质脆味甜。

合理密植，亩栽 3 000～3 500 株。喜肥水，施足优质农家肥作底肥，勤追肥，有机肥、化肥、生物肥交替使用。打掉 5 节以下侧枝和雌花，中上部侧枝见瓜后留 2 叶掐尖。生长中后期可结合防病喷叶面肥 6～10 次，提高中后期产量。及时清理底部老叶、整枝落蔓，及时采收商品瓜。

九、绿钻 3 号

早熟性、瓜条外观商品性和丰产性好，抗病、耐低温、弱光。植株生长势较强，叶片中等大小，主蔓结瓜为主，瓜码密，早熟性好，雌花节位较低，雌花率高，连续分布性好。苗期不用增瓜剂和乙烯利等激素处理，丰产潜力大，亩产 20 000 千克以上。瓜条生长速度快，抗霜霉病、白粉病、枯萎病、灰霉病，耐低温、弱光。瓜条顺直，瓜形美观，商品性佳，膨瓜快，不弯瓜，不化瓜，畸形瓜率低，单瓜重 200 克左右，瓜色深绿、光泽度好，瓜把小于瓜长

1/7，心腔小于横径 1/2，刺密、无棱、瘤小，腰瓜长 34 厘米左右，果肉淡绿色，肉质脆甜，品质好，生长期长，不易早衰。适合东北、西北、华北地区越冬、早春温室及早春大棚栽培。

日光温室越冬茬栽培一般在 9 月下旬至 10 月上旬播种，早春茬栽培一般在 12 月上中旬播种，苗龄 28～30 天，生理苗龄 3 叶 1 心时定植。定植后适当中耕，控制浇水，培养强大的根系，然后覆盖地膜。浇水采取膜下暗灌的方式，避免大水漫灌。该品种瓜码密，化瓜少，最好不喷施增瓜灵和保果灵等激素。对病虫害的防治以预防为主，综合防治。在低温寡照，连续阴雨期或浇水后的晚上及时用百菌清烟剂熏棚。

十、水果黄瓜——金童

椭圆型，光滑无刺，长 4～5 厘米，深绿色。平均单瓜重 30克，每节 1～2 瓜。极早熟，节间短，株型紧凑，较耐低温，弱光，适合秋冬或者冬春茬栽培。

十一、水果黄瓜——玉女

椭圆型，光滑无刺，长 4～5 厘米，淡白绿，平均单瓜重 30克，每节 1 瓜。早熟，节间短，株型紧凑，较耐低温、弱光，适合秋冬或冬春茬栽培。

十二、绿优一号

春秋亮条品种，皮色深绿，油亮，腰瓜长 35 厘米左右，密刺，短把，无黄头，商品性佳。适宜春、秋保护地及露地种植。

第三节　番茄

一、灵感

山东金种子农业发展有限公司选育。保护地品种，无限生长类型。植株生长势强，初花节位 7～8 节；果实高圆形，粉红色，着色均匀，有轻微青肩，果面光滑，平均单果重 150 克；畸形果率 1.4%，裂果率 0.74%；果实硬度 18.92 磅/厘米^2；可溶性固形物 4.24%，风味口感较好，耐贮运。

12 月中旬播种育苗，苗龄 65 天左右，苗期注意防治番茄猝倒病和立枯病；5～6 片真叶定植，定植时施足底肥，大小行栽培，大行距 80 厘米，小行距 70 厘米，株距 40 厘米，每亩定植 2 200 株左右。其他管理措施同一般同类型品种。

二、青农 08-66

青岛农业大学选育。保护地品种，无限生长类型。植株生长势强，初花节位 8～9 节；果实扁圆形，粉红色，着色均匀，有轻微青肩，果面光滑，平均单果重 180 克；畸形果率 2.3%，裂果率 3.4%；果实硬度 18.04 磅/厘米^2；可溶性固形物 5.22%，风味口感好。

早春栽培 12 月中旬播种育苗，苗龄 60 天左右，苗期注意防治番茄猝倒病和立枯病；5～6 片真叶定植，定植时施足底肥，大小行栽培，大行距 70 厘米，小行距 60 厘米，株距 40 厘米，每亩定植 2 400 株左右。其他管理措施同一般同类型品种。

三、烟红 103

烟台市农业科学研究院选育。保护地品种，无限生长类型。植株生长势强，初花节位 7～8 节；果实圆形，果实大红色，着色均匀，无青肩，果面光滑，平均单果重 140 克；畸形果率 0.63%，裂果率 0.22%；果实硬度 25.96 磅/厘米^2；可溶性固形物 4.88%，风味口感较好。抗病毒病。

保护地早春栽培，亩定植约 3 000 株，采用平畦或大小垄栽培，苗龄 60 天左右。单干整枝，每株留 5～7 穗果，每穗留果 4～5 个，开花前适当控水，第一穗果长到核桃大时开始浇水追肥。其他管理措施同一般同类型品种。

四、寿研番茄 1 号

山东省蔬菜工程技术研究中心、寿光市瑞丰种业有限公司、山东寿光泽农种业有限公司选育。保护地品种，无限生长类型。植株生长势旺盛，初花节位 7～8 节；果实圆形，果实大红色，着色均匀，无青肩，果面光滑，平均单果重 170 克；畸形果率 2.11%，裂果率 1.31%；果实硬度 23.92 磅/厘米^2；可溶性固形物 4.1%，风味口感较好。

保护地早春栽培，12 月上旬进行育苗，2 月下旬定植，亩定植 2 200～2 400 株，采用平畦或小高垄栽培。单干整枝，每株留 5～7 穗果，每穗留果 4～5 个，开花前适当控水，第一穗果长到核桃大时开始浇水追肥。其他管理措施同一般同类型品种。

五、菏粉 2 号

菏泽市农业科学院选育。保护地栽培品种，无限生长类型。植株生长势强，初花节位 8～9 节；成熟果实扁圆形，果面光滑，粉红色，着色均匀，无青肩，平均单果重 210 克左右；畸形果率 3.2%，裂果率 3.9%；可溶性固形物 4.52%，硬度 6.6 磅/厘米^2。

早春栽培 12 月中旬播种育苗，苗龄 60 天左右，苗期注意防治番茄猝倒病和立枯病；5～6 片真叶定植，定植时施足底肥，大小行栽培，大行距 80 厘米，小行距 60 厘米，株距 40 厘米，每亩定植 2 400 株左右。其他管理措施同一般同类型品种。

六、天正粉奥

山东省农业科学院蔬菜花卉研究所、寿光市新世纪种苗有限公司选育。保护地栽培品种，无限生长类型。植株生长势中等，初花节位 8 节；成熟果实微扁圆形，果面光滑，粉红色，着色均匀，果实无青肩，平均单果重 210 克左右；畸形果率 1.9%，裂果率 2.1%；可溶性固形物 4.6%，硬度 8.6 磅/厘米^2。

早春栽培12月中旬播种育苗，苗龄60天左右，苗期注意防治番茄猝倒病和立枯病；5～6片真叶定植，定植时施足底肥，大小行栽培，大行距80厘米，小行距60厘米，株距约40厘米，每亩定植2 300～2 500株。其他管理措施同一般同类型品种。

七、宝禄一号

山东省寿光市三木种苗有限公司选育。保护地栽培品种，无限生长类型。植株生长势中等，初花节位8～9节；成熟果实扁圆形，果面光滑，粉红色，着色均匀，果实无青肩，平均单果重185克左右；畸形果率1.5%，裂果率1.6%；可溶性固形物4.4%，果实硬度8.2磅/厘米^2。

早春栽培12月中旬播种育苗，苗龄50天左右，苗期注意防治番茄猝倒病和立枯病；5～6片真叶定植，定植时施足底肥，大小行栽培，大行距80厘米，小行距60厘米，株距40～45厘米，每亩定植2 400株左右。其他管理措施同一般同类型品种。

八、青农1238

青岛农业大学选育。保护地栽培品种，无限生长类型。植株生长势中等，株型紧凑，叶片短，初花节位8～9节；果实扁圆形，果面光滑，粉红色，着色均匀，果实无青肩，平均单果重200克左右；畸形果率1.2%，裂果率0.9%；可溶性固形物4.55%，果实硬度8.2磅/厘米^2。

早春栽培12月中旬播种育苗，苗龄60天左右，苗期注意防治番茄猝倒病和立枯病；5～6片真叶定植，定植时施足底肥，大小行栽培，大行距80厘米，小行距60厘米，株距35厘米，每亩定植3 800株左右。其他管理措施同一般同类型品种。

九、好丽

杂交一代无限生长型粉果番茄。适应性广，生长势强，较早熟。坐果率高，果色均匀，果实圆形，单果重220～250克，硬度高，耐贮运，商品性好。抗番茄黄化卷叶病毒。

适宜华北地区保护地秋延、春季栽培。合理稀植，建议每亩保苗 2 200～2 300 株。整个生育期使用广谱性杀菌剂保护植株。合理疏果。建议每穗留果 4～5 个，及时摘除多余果实，提高产品品质。

十、313 番茄

杂交种，无限生长类型，中早熟，长势旺盛，果色粉红，耐热，抗病，不易裂果，单果 300 克左右，适合保护地及露地栽培。

十一、欧冠

来自以色列的高档石头果番茄，无限生长型，硬度特高，可存放 15～30 天果实不软。抗病性突出，单果重 200～220 克，果个大小整齐，果色鲜红发亮，口感可与粉果番茄比美，是做出口番茄品种的首选之一。

十二、金粉 218

粉红果无限生长型，较早熟。果实苹果形，大小均匀，平均单果重 200～270 克，着色好，果皮光滑无绿肩，适合精品果市场。皮厚，硬度大，耐运输，货架期长。植株长势强健，适宜早春及越冬大棚种植。

十三、金福

早熟樱桃番茄品种，无限生长型。果实椭圆形，果色金黄，光泽度好，平均单果重 15～20 克。果实多汁，风味佳。植株长势旺盛，抗病性强，坐果多，产量高。

十四、万福

樱桃番茄品种，无限生长型，果实近圆形，单果重 18 克左右，成熟后红色，光泽度好。果实多汁，皮韧性好，不易裂果。

第四节 辣椒

一、金椒

山东省华盛农业股份有限公司选育。干制辣椒品种。苗龄40～50天，定植至干椒采收 90～120 天。植株高 90～100 厘米，株幅 70～80 厘米；门椒着生节位 10～13 节；果实羊角形，果长12～15 厘米，果肩径 2.1～2.3 厘米，干椒单果重 3.0 克左右。嫩果绿色，成熟果深红色，光泽度好，商品性好，辣味适中。连续坐果能力强，膨果快。果型均匀，自然晾干速度快、商品果率高。干椒果皮内外红色均匀。

适宜定植期 4 月下旬至 5 月上旬，大小行种植，大行 70～80 厘米，小行 45～50 厘米，株距 30 厘米左右，一畦双行，单株定植。重施有机肥，盛果期前补施钙肥和铁肥。及时防治病虫害，红果期控制浇水，预防炭疽病。

二、世纪红

山东省华盛农业股份有限公司选育。干制辣椒品种。苗龄40～50天，定植至干椒采收 90～120 天。植株高 100～110 厘米，株幅 70～80 厘米；门椒着生节位 10～13 节。果实羊角形，果长12～15 厘米，果肩径 2.2 厘米左右，鲜椒单果重 16～24 克，干椒单果重 2.5～3.0 克。嫩果绿色，成熟果鲜红色，光泽度好，自然晾干速度快，商品果率高，辣味适中。植株连续带果能力强，坐果多，膨果快。干椒果皮内外红色均匀。

适宜定植期 4 月下旬至 5 月上旬，大小行单株定植，大行70～80 厘米，小行 45～50 厘米，株距 30 厘米左右。重施有机肥，盛果期前补施钙肥和铁肥。及时防治病虫害，红果期控制浇水，预防炭疽病。

三、德红 1 号

德州市农业科学研究院、中椒英潮辣业发展有限公司选育。干制辣椒品种。苗龄 45 天左右，定植至鲜红果采收 90～120 天。该品种种子中等大小，千粒重 5 克左右，幼苗浓绿色。株高约 90 厘米，株幅约 80 厘米；门椒着生节位 10～13 节；嫩茎和叶片上有明显的绒毛。果实羊角形，果长 11～14 厘米，果肩径 2.5 厘米左右。嫩果绿色，成熟果深红色、自然晾干速度快、商品果率高，辣味较浓。干椒果皮内外红色均匀。

适宜定植期 4 月下旬至 5 月上旬，大小行单株栽植。大行 70 厘米，小行 50 厘米，株距 25 厘米。重施有机肥，盛果期前补施钙肥和铁肥。及时疏除门椒以下的侧枝，以利通风透光。及时防治病虫害，红果期控制浇水，预防炭疽病。

四、青农干椒 2 号

青岛农业大学、青岛市种子站、德州市农业科学研究院选育。干制辣椒品种。苗龄 50 天左右，植株高约 110 厘米左右，株幅 95 厘米左右；门椒着生节位 10～12 节。果实粗羊角形，果长 12～15 厘米，果肩径 2.5～2.8 厘米，干椒单果重 2.8 克，果皮光滑、嫩果绿色，干椒紫红，果实内皮红色，干椒色价值 13～17，微辣。果实自然晾干速度较快，干椒果实外形、红色度和亮度俱佳，适于辣椒色素萃取加工。

适宜定植期 4 月下旬至 5 月上旬，大小垄单株定植，每亩定植 4 500～6 500 株。重施有机肥，盛果期前补施钙肥和铁肥。及时防治病虫害，红果期控制浇水，预防炭疽病。

五、英潮红 4 号

中椒英潮辣业发展有限公司、德州市农业科学研究院选育。干制辣椒品种。苗龄 50 天左右，定植至干椒采收 120～150 天。植株生长势强，株高 70 厘米左右，株幅 60 厘米左右；门椒着生节位

12～15 节。果实短锥形，果长 8～10 厘米，果肩径 4 厘米左右，干椒单果重 4 克左右。嫩果绿色，成熟果紫红色。干椒色价值13～14，微辣。自然晾干速度快、易制干，商品性好；干椒果皮韧度好，易加工。

适宜定植期 4 月下旬至 5 月上旬，大小垄单株定植，每亩定植 5 000～6 000 株。重施有机肥，盛果期前补施钙肥和铁肥。及时疏除门椒以下的侧枝，以利通风透光。及时防治病虫害，红果期控制浇水，预防炭疽病。

六、佛手

山东省华盛农业股份有限公司选育。朝天椒类型。苗龄 50～55 天，定植至干椒采收 90～120 天。植株高 70～80 厘米，株幅 40～50 厘米；门椒着生节位 10～13 节。果实羊角形，果长 5～6 厘米，果肩径 1～1.2 厘米，干椒单果重 3.0～4.5 克。嫩果绿色，成熟果深红色、自然晾干速度快、商品果率高。干椒果皮内外红色均匀。植株生长健壮长势强，植株连续带果能力强，坐果多，膨果快。

适宜定植期 4 月下旬至 5 月上旬，行距 40～50 厘米，株距 30 厘米左右，单株定植。重施有机肥，前期适当控制浇水，不要摘除基部侧枝；坐果后及时培土、防倒伏，早施轻施提苗肥，稳施花蕾肥，重施花果肥。及时防治病虫害，红果期控制浇水，预防炭疽病。

七、天红星

青岛市农业科学研究院选育。朝天椒类型。苗龄 50 天左右，生长势较强，株高 60～70 厘米，开展度 50 厘米左右，株型紧凑，茎秆粗壮，根系发达，抗倒伏。茎、叶、绿色，春季播种后 95 天左右始花，花冠白色，果实小羊角形，朝天簇生，果长 5～6 厘米，果肩径 1.2 厘米左右，干椒单果重约 2.5 克，果形顺直，果面光亮，嫩果绿色，成熟椒亮红，干果深红，成熟期比较集中，种子鲜黄色，商品性好，抗性强。

适宜定植期 4 月下旬至 5 月上旬，双株定植，每亩定植 3 000～3 500 穴。重施有机肥，前期适当控制浇水，不要摘除基部侧枝；辣椒坐果后及时培土、防倒伏，早施轻施提苗肥，稳施花蕾肥，重施花果肥。及时防治病虫害，红果期控制浇水，预防炭疽病。

八、烈火 S18

植株长势旺盛，果形较大，果实长 15～16 厘米，粗 2.3 厘米左右，肉厚，转色后颜色深红。株形开展适中，叶色深绿，茎秆粗壮，抗倒伏能力强。中熟，连续坐果能力强，坐果多，果形顺直美观，抗病性好，对炭疽病等病害有较强抗性，辣度高，产量高。

九、烈火 S45

植株长势旺盛，果形较大，果实长 15～17 厘米，粗 2.4 厘米左右，肉厚，转色后颜色深红。中熟，连续坐果能力强，坐果多，果形顺直美观，叶色深绿，对炭疽病等病害有较强抗性，辣度高，产量高。

第五节　马铃薯

一、春秋 9 号

山东省农业科学院蔬菜花卉研究所选育。早熟品种。彩薯品种。出苗至成熟 60～65 天，株型直立，分枝少，生长势中等，株高 53 厘米，叶片大呈深绿色，茎绿色，开花少，花冠紫色，天然不易结实；块茎椭圆形，薯形整齐，红皮黄肉，芽眼浅，适合鲜食。匍匐茎长约 10 厘米，结薯较集中，单株结薯 5～6 块；商品薯率 81.0%。块茎休眠期 75～90 天。结薯对光照长短不敏感。耐贮藏。

春季栽培密度每亩 4 000～4 500 株，秋季栽培密度每亩

4 500～5 000 株；宜催大芽足墒适期早播，中等肥水管理。其他管理措施同一般大田。在全省适宜地区作鲜食型早熟品种春秋两季露地或保护地种植利用。

二、滕育 1 号

枣庄泓安农业科技有限公司选育。早熟品种。出苗至成熟 64 天，生长势强，株型直立，株高 70～80 厘米，主茎 2.3 条，茎秆粗壮，叶片深绿色，复叶大，下垂，叶缘有微波状；花淡紫色，瓣尖无色，花冠大，花期短，天然结实少；匍匐茎 8.1 厘米，结薯集中，单株结薯 4～6 块；块茎长椭圆形，稍扁，大而整齐，黄皮黄肉，薯皮光滑，芽眼浅，未发生二次生长、裂薯、空心现象。休眠期短，约 70 天，耐贮藏。

适于春秋两季进行露地栽培和保护地栽培。春季大拱棚一般在 2 月上旬播种，大垄双行栽培，垄宽 80～90 厘米，播种密度每亩 5 500 株左右；露地地膜栽培 3 月上旬播种，播种密度每亩 4 500 株左右；秋播一般 8 月上旬播种，播种密度每亩 5 500 株左右，初霜时小拱棚保护延迟收获。适宜催大芽、适期早播，中等肥水管理，防治植株徒长。其他管理措施同一般大田。

三、希森 7 号

乐陵希森马铃薯产业集团有限公司、国家马铃薯工程技术研究中心选育。早熟品种。出苗至成熟 63 天，生长势较强，株型直立，株高 60～65 厘米，主茎 2.3 条，茎秆紫色，叶片深绿色，复叶中等，叶面平整；花蓝紫色，花冠大，花期短，天然不结实；匍匐茎 7.1 厘米，结薯集中，单株结薯 9～11 块；块茎椭圆形，大小中等，较整齐，紫皮紫肉，薯皮光滑，芽眼浅。休眠期短，约 75 天，耐贮藏。

适于春秋二季作露地栽培和保护地栽培。春季大棚一般在 2 月上旬播种，播种密度每亩 6 000 株左右；露地地膜栽培 3 月上旬播种，播种密度每亩 5 500 株左右；秋播一般 8 月上旬播种，播种密度每亩 6 000 株左右。适宜催大芽、适期早播；中等肥水管理，施足基肥，苗期追施氮肥，花期后追施钾肥，防治后期植株早衰。

第六节　大葱

一、鲁葱杂 1 号

山东省农业科学院蔬菜花卉研究所选育。棒状大葱类型。生长势强，植株直立，株高 120 厘米左右，葱白长约 50 厘米，直径约 2.7 厘米，单株重 300 克左右。叶片直立，不易折叶，叶色深绿，蜡质多，生长期功能叶 6～7 片。较抗倒伏。冬性强，抽薹迟。辛辣味中等，生熟食皆宜。

可上年秋季或当年春季育苗。选地势高燥、排灌方便、土层深厚、地力肥沃的地块栽培。6 月中旬至 7 月上旬定植，密度每亩 2 万～2.5 万株，10 月上旬至 11 月中旬收获。

二、鲁葱杂 5 号

山东省农业科学院蔬菜花卉研究所选育。棒状大葱类型。生长势强，植株直立，株高 130 厘米左右，葱白长约 50 厘米，直径约 2.6 厘米，单株重 290 克左右。叶片较细长，浅绿色，生长期功能叶 5～6 片，叶间距较大。较抗倒伏。生熟食皆宜，辛辣味轻。

可上年秋季或当年春季育苗。选地势高燥、排灌方便、土层深厚、地力肥沃的地块栽培。6 月中旬至 7 月上旬定植，密度每亩 2 万～2.5 万株，10 月上旬至 11 月中旬收获。

三、新葱三号

河南省新乡市农业科学院选育。棒状大葱类型。生长势强，不易早衰；植株直立，株高 140 厘米左右；葱白长约 55 厘米，直径约 2.5 厘米，单株重 310 克左右。白绿色，棒状，紧实，基部略微膨大，商品性好。叶片挺直，叶色深绿，蜡质多，生长期功能叶5～6片。较抗倒伏。辛辣味中等，生熟食皆宜。

可上年秋季或当年春季育苗。选地势高燥、排灌方便、土层深厚、地力肥沃的地块栽培。6月中旬至7月上旬定植，密度每亩2万～2.5万株，10月上旬至11月中旬收获。

第七节　洋葱

一、天正 105

山东省农业科学院蔬菜花卉研究所选育。中日照品种。植株生长势强，管状叶直立、8～9片、浓绿色。鳞茎近圆球形，球形指数 0.85 左右，外皮金黄色，有光泽，假茎较细，收口紧；硬度较高，商品性好。内部鳞片乳白色，肉质柔嫩，辣味淡，口感好，适于生食。生育期 250～255 天，单球重 300 克左右，耐分球，耐抽薹，耐贮存。较抗洋葱灰霉病、紫斑病及霜霉病。

适宜播种期 9 月 10—15 日，每亩需种子 150～200 克。适宜定植期 10 月下旬至 11 月上旬，定植株行距一般为 14 厘米×14 厘米，浇水渗后覆膜。适宜收获期 5 月中旬，假茎自然倒伏后 7～10 天即可采收。

二、天正 201

山东省农业科学院蔬菜花卉研究所选育。中日照品种。植株生长势强，管状叶直立、8～10片、绿色。鳞茎近圆球形，球形指数约 0.85，外皮红色，有光泽，假茎较细，收口紧；硬度较高，商品性好。内部鳞片表皮浅红色，肉质柔嫩，辣味淡，口感好，适于生食。生育期 255～260 天，单球重 330 克左右，耐分球，耐抽薹，耐贮存。较抗洋葱灰霉病、紫斑病及霜霉病。

适宜播种期 9 月 10—15 日，每亩需种子 150～200 克。适宜定植期 10 月下旬至 11 月上旬，定植株行距一般为 14 厘米×14 厘米，浇水渗后覆膜。适宜收获期 5 月下旬，假茎自然倒伏后 7～10 天即可采收。

第八节　萝卜

一、天正萝卜 14 号

山东省农业科学院蔬菜研究所选育。春萝卜品种。生长期 60 天左右。叶丛半直立，羽状裂叶，叶色深绿，单株叶片 20～22 片。肉质根圆柱形，入土部分约占根长的 2/5，白皮白肉，脆甜多汁。单株肉质根重 1.5 千克，根叶比为 3 左右。微辣，风味好，熟、生食兼用。不易抽薹。

3 月底至 4 月初生茬地施足基肥，起垄点播，行距 50 厘米，株距 33 厘米。

二、潍萝卜 4 号

山东省潍坊市农业科学院选育。春萝卜品种。生长期 60 天左右。植株生长势强，株高 50 厘米，开展度 60 厘米，叶簇半直立，羽状裂叶，叶色深绿，单株叶片 18～20 片。肉质根呈圆柱形，长 32～36 厘米，横径 6～8 厘米，入土部分约占根长的 2/5，白皮白肉，表皮光滑，尾根细小，须根少，肉质细嫩，微辣，口感脆嫩，以熟食为主。平均单株肉质根重 1.5 千克。

3 月底至 4 月初均可播种，生茬地施足基肥。露地起垄点播，地膜覆盖，行距 50 厘米，株距 33 厘米。

三、西星萝卜 6 号

山东登海种业股份有限公司西由种子分公司选育。秋萝卜品种。生长期 75 天。植株生长势强，生长速度快，羽状裂叶，叶色深绿，叶片数 14 片左右。肉质根长圆柱形，表皮绿色，入土较深，约占 2/5，平均单株重 1.8 千克。肉浅绿色，品质脆甜。熟、生食兼用。耐贮藏性中等。

7月初至8月中旬生茬地施足基肥，起垄点播，行距50厘米，株距33厘米。作冬贮可在8月15日后播种，立冬至小雪收获。

四、胶研萝卜1号

青岛胶研种苗研究所选育。秋萝卜品种。生长期76天左右。植株长势较旺，开展度35厘米，叶色深绿，羽状裂叶，叶片数18片左右。肉质根表皮深绿色、光滑，长31～36厘米，直径9～11厘米，入土2～3厘米，主根细，收尾好，肉色浅绿，品质脆甜，以熟食为主。平均单株肉质根重1.2千克。

7月初至8月中旬生茬地施足基肥，起垄点播，行距50厘米，株距33厘米。作冬贮可在8月15日后播种，立冬至小雪收获。

五、天正萝卜13号

山东省农业科学院蔬菜花卉研究所选育。秋萝卜品种。生长期约74天。生长势较强，叶簇半直立，羽状裂叶，叶绿色，叶柄浅红色，成株叶片13～16片。肉质根短圆柱形，入土部分约占根长的2/5，红皮白肉，肉质致密，脆甜多汁。平均单根重1.5千克，根叶比3.9左右。微辣，风味好，适于熟食。耐贮性一般。

施足基肥，起垄穴播，行距60厘米，株距30厘米。8月15—20日露地直播，定苗时追施一次有机肥或复合肥，随即扶垄浇水一次。忌重茬，生长前期注意防治蚜虫，生长后期注意防治霜霉病。

六、天正秋红1号

山东鲁蔬种业有限责任公司选育。秋萝卜品种。生长期约75天。植株生长势强，叶簇半直立，羽状裂叶，叶片绿色，叶柄浅红色，成株叶片15片左右。肉质根圆柱形，入土部分占根长的1/4～1/3，平均单根重1.6千克，根叶比3.6。红皮白肉，表皮光滑，根痕小。质地细嫩，适于熟食。耐贮性较好。

施足基肥，起垄穴播，行距 60 厘米，株距 30 厘米。8 月 15—
20 日露地直播，定苗时追施一次有机肥或复合肥，随即扶垄浇水
一次。忌重茬，生长前期注意防治蚜虫，生长后期注意防治霜霉
病。冬贮于立冬至小雪收获。

七、潍萝卜 5 号

山东省潍坊市农业科学院选育。秋萝卜品种。生长期 75 天左
右。植株生长势强，叶簇半直立，羽状裂叶，叶片浅绿色，叶柄浅
红色，成株叶片数 16 片左右。肉质根圆球形，入土部分约占 1/5，
平均单根重 1.4 千克，根叶比 3 左右。红皮白肉，表皮光滑，根痕
小，尾根细小；质地细嫩，品质佳，适于熟食。耐贮性较好。

施足基肥，起垄穴播，行距 60 厘米，株距 30 厘米，8 月 15—
20 日露地直播。忌重茬，生长前期注意防治蚜虫，生长后期注意
防治霜霉病。冬贮于立冬至小雪收获。

八、白玉一号

草姿半立形，花叶，叶片短，叶数少。根形收尾快，顺直，表
皮白、光滑，中厚皮，韧性好。根长 23～33 厘米，横径 7～9 厘
米。耐低温能力较好，适宜春、秋种植。

九、富帅二号

草姿半立形，花叶。根形顺直、均匀，表皮全白、光滑，收尾
好。根长 26～37 厘米，横径 6～8 厘米。皮厚而有韧性，不易断、
裂。耐低温能力一般，应避开低温期种植。

十、富美三号

叶片为板叶兼花叶型，后期花叶明显，半直立。生长速度快，
播种后 55 天左右收获。根形好，上下顺直，圆柱形，根长 25～31
厘米。根皮光滑，厚而有韧性，不易断、裂，耐贮运。耐暑及耐湿
性强。

十一、绿富士三号

青首萝卜品种，根形顺直，近圆柱形。青首比例 1/2 左右，下部洁白，表皮光滑，外观漂亮，商品性好。根长 23～28 厘米，横径 8～11 厘米，收尾好。适宜夏、秋栽培。

第九节　甜瓜

一、贵妃

山东省泰安市正太科技有限公司、山东省果树研究所选育。厚皮甜瓜网纹品种。植株长势强，全生育期约 117 天，果实发育期 55 天左右。商品果实椭圆形，浅黄绿皮，覆较密凸网，单果重 1.8 千克左右；果肉橙红色，质脆，淡香，中心可溶性固形物含量 14.12％。易坐果，不脱蒂，耐贮运。

早春保护地吊蔓栽培，每亩栽植约 1 600 株，单蔓整枝，在第 14～16 节的子蔓上留瓜，约 28 片叶时摘心。施足底肥，定瓜后追施复合肥 15 千克。移栽定植时浇一次中水，定瓜追肥后浇一次中水，果面开始出现网纹时，每 7～10 天浇一次小水，采收前半月不再浇水。

二、美多

山东省寿光市三木种苗有限公司选育。厚皮甜瓜网纹品种。生长势强，生育期约 113 天，果实发育期 52 天左右。果实圆形，果皮灰绿色，网纹稳定，着浅绿色条纹，单果重 1.4 千克；果肉红橙色，脆甜芳香，可溶性固形物含量 13.8％。株型紧凑，易坐果，有特色。

早春保护地吊蔓栽培，一般采用单蔓整枝，每亩栽植 1 800 株左右，在 14～16 节留瓜，主蔓 22～25 节打顶。中后期注意水分的控制，以防上网不匀或裂瓜。生长期间，注意防治白粉虱、蓟马、灰霉病、白粉病等。

三、秀玉 8 号

青岛市农业科学研究院选育。光皮厚皮甜瓜品种。植株长势中等，全生育期 103 天左右，果实发育期约 42 天。果实高圆形，皮色白，单果重约 1.5 千克；果肉橙色，中心可溶性固形物含量 16.69%；肉质细脆，口感好。

早春保护地吊蔓栽培，每亩栽植约 2 200 株。单蔓整枝，于第 14～16 节的子蔓上留瓜。留瓜节位向上留 10～12 片叶摘心。留瓜的子蔓，留 2 片叶摘心。及时摘除基部老叶以利通风透光。

四、晶莹雪

山东省寿光市三木种苗有限公司选育。厚皮甜瓜光皮品种。区域试验结果：植株长势较强，全生育期 103 天，果实发育期 43 天。果实长卵形，果皮乳白色，果面光滑，单果重 2.5 千克左右；果肉白色，子腔淡橘红色，肉质脆甜，风味清香爽口，可溶性固形物含量 15.23%。

早春保护地吊蔓栽培，每亩栽植 1 800 株左右，单蔓整枝，于第 14～16 节留瓜，主蔓 22～25 节打顶。亩施有机肥 5 000 千克，膨果期适当追三元素复合肥 30 千克左右，后期适当控水以防裂瓜。注意病虫害的防治，适当加强对白粉病及黄叶病毒的防治。

五、鲁厚甜 4 号

山东省农业科学院蔬菜花卉研究所、山东省寿光市三木种苗有限公司选育。厚皮甜瓜光皮品种。植株生长势较强，平均全生育期 103 天，果实发育期 42 天。果实短椭圆形，果皮底色深黄，果面光滑，单果重 2.3 千克；果肉外绿内橙，随成熟度橙色比例增加，肉质脆甜，可溶性固形物含量 14.4%。果皮韧，不落蒂，耐贮运。

早春保护地吊蔓栽培，适播期为 12 月上旬至 1 月下旬。每亩栽植 1 800 株左右，单蔓整枝，于第 14～16 节留瓜，每株留一果，主蔓 25 节左右打头。定植时浇足缓苗水，至开花坐果前，控制浇水。膨瓜期，浇大水，每亩随水冲施高钾肥 10～15 千克，坐果 20 天左右，再浇一次水，采收前 7～10 天停止浇水。果皮转深黄后即可采收。

六、日本甜宝

中晚熟，开花后 35 天左右成熟，植株生长势强。果实端整，微扁圆形，形色优美，果皮绿白色，成熟时有黄晕，香气浓郁，果脐明显，抗病性强，果重 400～600 克，果实为圆球形，果肉白绿色，皮色由绿色变黄色时即可食用。子孙蔓结瓜，亩产 4 000～5 000 千克。含糖 16 度，香甜可口，品质极优，抗枯萎病、炭疽病和白粉病，耐运输。

露地 4 月中、下旬播种，苗龄 30～35 天。适宜密植，株行距 60～120 厘米。主蔓 4 叶掐心，子、孙蔓均可留瓜。忌连作。适合地膜覆盖种植。

七、景甜五号

早熟，生育期 70 天左右，椭圆形，黄白色，极甜，含糖 15～18 度，单瓜重 500～750 克，亩产 2 500～3 500 千克，抗病能力强，耐贮运，耐运输。

露地栽培，行距 60～70 厘米，株距 50～60 厘米，主蔓 4～5 片叶定心，子蔓结瓜，对无幼瓜的子蔓留 2 片叶时掐尖，再出孙蔓结瓜。苗期喷 1～2 次壮根壮秧型壮多收，田间每 10～15 天喷一次多功能型壮多收，可防病、增糖、增产、促早熟。

八、羊角蜜

早熟优良品种，植株长势健壮，抗病、抗逆性强，适应性广，子、孙蔓结瓜，极易坐果；果形羊角状，果皮浅灰绿白色，肉色绿色，肉厚 3 厘米，含糖量高达 16～18 度，口感香、甜、脆、酥、嫩、多汁，品质极优；单株结果 5～6 个，瓜重 1 千克左右，亩产 3 500 千克以上。

温室、大棚、中、小棚及露地均可栽培。多施有机肥及磷钾肥；吊蔓栽培行距 100～110 厘米，株距 30 厘米，亩留 2 000 株左右；爬地栽培行距 100 厘米，株距 35～40 厘米，4 叶打顶，留 3～4 条子蔓结瓜，子蔓封垄时打顶。

九、天蜜脆梨

脆梨风味的洋香瓜品种。中早熟，果实生育期 38 天左右，单果重 0.7～1 千克。果皮纯白色，光滑靓丽。果肉纯白色，质地细密脆爽，香甜可口。可溶性固形物含量 18% 左右。本品种耐贮运性极强。

适宜保护地栽培。①立式栽培法。亩定植 1 800 株，单蔓整枝，见雌花授粉，连续授 3～4 果，头茬瓜膨果结束后，留二茬瓜，见雌花授粉留 2～3 个。②爬地栽培法：亩定植 900 株，三蔓整枝，见雌花授粉，留 6～8 果。

十、西州密二十五号

中熟甜瓜杂种一代，果实发育期 50 天左右，果实椭圆，浅麻绿、绿道，网纹细密全，单瓜重 1.5～2.4 千克，果肉橘红，肉质细、松、脆，爽口，风味好，中心平均折光含糖量 17%～18%，抗白粉病，适合早春、秋季保护地栽培。

温室露地兼用，单蔓整枝，选留第 8～10 节雌花坐果，果实发育期保证肥水供应。适时采收。

十一、鲁厚甜 1 号

山东省农业科学院蔬菜花卉研究所选育。厚皮甜瓜网纹中熟品种，植株生长势强。主蔓粗度中等。叶柄半直立，长度中等。真叶绿色、中等大小。雄花、两性花同株。幼果果皮绿色。雌花开花至果实成熟约 50 天。果柄长度、粗度中等，不易脱落。果实高球形，表皮灰绿色，无棱、沟、复色，密布网纹。果柄端形状为圆形，果蒂小。脐端小、圆形。果实种腔小，种瓤3瓣，不分离。单果重1.5千克左右。果肉厚3.9厘米，黄绿色，清香多汁，不易发酵变味，可溶性固形物含量15.0％左右。易坐果，可连续留瓜、多次收获，丰产性好。田间表现较抗白粉病、枯萎病。适于保护地栽培。

采取冬春茬及早春茬保护设施栽培。适宜密度为每亩1 600～1 800株。日光温室适播期为11月下旬至12月下旬，拱圆形大棚适播期为1月中旬至2月上旬。单蔓整枝，牵秧，及时除掉多余的侧枝，主蔓25～30片叶时摘心。日光温室栽培可采取留双瓜方式，即在主蔓的第11～15节留1个瓜，再在第20～25节留1个瓜，需人工授粉。幼瓜长到0.25千克以前，应及时吊瓜。在伸蔓期、膨瓜期分别进行追肥，膨瓜期水分供应要充足。及时防治蔓枯病、疫病、霜霉病及蚜虫、斑潜蝇等病虫害。

十二、玉冠一号

早熟，果实扁卵圆形，单果重0.3～0.4千克。果面光滑，果皮翠绿色，果肉深绿，含糖量14％～16％，脆甜多汁，品质佳。外皮薄而韧，耐储运。子蔓易坐果，产量高，抗逆性强。

第十节　小白菜

一、跃华

德州市德高蔬菜种苗研究所选育。秋季小白菜（油菜）品种。播种后25天可采收小菜，40～50天可采收大菜。株型紧凑，大头束腰，叶面平展光滑，叶缘无锯齿，叶色亮绿无蜡粉，叶脉较细，叶柄中宽、淡绿色。8—9月皆可播种，撒播或育苗移栽，适宜株行距10～15厘米。播后20天左右结合浇水亩追施尿素30千克。整个生长期要防治虫害。

二、华峰

德州市德高蔬菜种苗研究所选育。秋季小白菜（油菜）品种。播种后 25 天可采收小菜，播种后 40～60 天内可采收大菜。株型较直立紧凑、束腰，叶面平展细腻，叶缘稀薄，叶色绿、无蜡粉，叶脉不明显，叶柄宽厚、淡绿色、柔性好。8—9 月皆可播种，撒播或育苗移栽，适宜株行距 10～15 厘米。播后 20 天左右结合浇水追施尿素 30 千克/亩。整个生长期要防治虫害。

三、西星绿冠

山东登海种业股份有限公司西由种子分公司选育。秋季小白菜（油菜）品种。播种后 35 天开始收获。株型束腰，叶色深绿，叶面平，叶柄翠绿。8—9 月皆可播种，平畦或高畦均可，适宜株行距 15 厘米×15 厘米。

四、夏爽

耐热青梗菜品种，耐暑、耐湿能力强。株型较直立，叶梗宽、平展，梗色深，叶色较深。束腰较好，株型美观。柔韧性好，利于捆扎。

第十一节　西瓜

一、华欣

中早熟、丰产、优质、耐裂新品种。全生育期 90 天左右，果实成熟期 30 天左右。生长势中等。果实圆形，绿底条纹，有蜡粉。瓜瓤大红色，口感好、甜度高，果实中心可溶性固形物含量为 12％以上。皮薄、耐裂，不易起棱空心，商品率高。单瓜重 8～10 千克，最大可达 14 千克。适合保护地和露地栽培。

二、国欣二号

此品种保留了京欣二号的优良性状，在早熟、高产、耐裂性上有所提高。其突出优点为：生长势中等，果实发育期 28 天左右，果实外形美观，圆果，绿底条纹，条稍窄，有蜡粉。瓜瓤大红，果肉脆嫩，口感好，甜度高。在早春保护地栽培，低温弱光下坐瓜性好，整齐、膨瓜快、产量高，果实耐裂性进一步提高。单瓜重 9 千克以上，大瓜可达 15 千克，亩产 5 000 千克左右，高抗苗期病害，抗枯萎病、耐炭疽病，较耐重茬，适合保护地和露地早熟栽培。

选沙壤土地块种植。并要求底肥充足；三蔓整枝以留第三道瓜为好，其瓜较大，以防早瓜坠秧；膨瓜初期增施膨果肥，浇膨果水，促进果实迅速膨大；果实成熟期不宜浇水过大，九成熟采摘为宜。

三、8424

早熟杂交品种，果实发育期 30～35 天，单瓜重 3～6 千克，中心含糖量 11% 以上，每亩产量 2 000～3 000 千克，果实圆球形，绿色底覆盖有青黑色条纹，果皮较薄，果肉红色，质地细松脆，品质极佳，适宜保护地栽培。

选择土壤水肥充足地块，因地制宜选择最佳栽培方式和播种期。采用三蔓整枝，及时整枝，施足基肥，以施有机肥为主、增施钾肥。

四、国豫二号

全生育期 90 天左右，果实发育期 28 天左右。植株长势稳健，分枝性中等；果实花皮圆形，果皮浅绿色，上覆深色细窄条带，果面光滑平整，具有腊粉层，外观漂亮，平均单瓜重 6 千克左右；瓤色大红，细脆多汁，纤维少，口感香味浓郁；中心糖度 12% 左右。

五、莎蜜佳一号

植株长势稳健，果型正圆，皮色靓丽光鲜，整齐度好。瓤色鲜红，脆甜爽口，皮薄韧性好。适应性好，极易坐瓜。耐低温弱光，连续坐果能力强。商品瓜率高。自开花至果实成熟 30 天左右，单瓜重 6～8 千克。中心糖度 14％左右，梯度小。耐贮运。

六、蜜童

杂交一代小型无籽西瓜，果实发育期 28～30 天。植株长势旺，分枝力强，坐果性好。果实圆球形，条带清晰，瓤色鲜红，纤维少，汁多味甜，无籽性好，皮厚 0.8 厘米，耐贮运，平均单果重 2～3 千克。

适合保护地和露地栽培，按 5∶1 的比例种植普通有籽西瓜作为授粉品种，栽培以三蔓整枝留 3 果为宜。出芽时应严格控制湿度，避免种腔内积水，温度控制在 28～32℃。选择土壤肥力中等的土地，施肥量是一般西瓜的 1/2，少施氮、磷肥，多施钾肥，氮肥以硝态氮为主。苗期至伸蔓期灌水需少次足量，便于建立强大的根系，采收前 7～10 天停止灌水。

七、红灵

优质高档小型西瓜品种，植株长势中等，抗逆、抗病性强，极早熟，开花授粉后 25 天成熟，易坐瓜。果实短椭圆形，浅绿皮色上镶嵌较细的深绿色条纹，外观清秀美观。单果重 2 千克左右。果肉鲜红，沙质酥脆，汁多，无纤维，风味独佳。含糖量 13度以上。果皮厚 0.2 厘米左右，耐贮运，商品性好，综合性状表现好。

八、早春红玉

杂交一代极早熟小型红瓤西瓜品种，春季种植 5 月收获，坐果后 35 天成熟，夏秋种植，9 月收获，坐果后 25 天成熟。该品种外观为长椭圆形，绿底条纹清晰，植株长势稳健，果皮厚 0.4～0.5 厘米，瓤色鲜红，肉质脆嫩爽口，中心糖度 12.5 以上，单瓜重 2.0 千克，保鲜时间长，商品性好。早春低温光下，雌花的形成及着生性好，但开花后遇长时间低温多雨，花粉发育不良，也存在坐果难或瓜型变化等问题。

九、金麒麟

优质高档小型西瓜品种，植株长势中等，抗逆、抗病性强，极早熟，开花授粉后 25 天成熟，易坐果。果实椭圆形，皮绿色，上覆盖较细的深绿色条纹，外观漂亮。单果重 2 千克左右。果肉金黄色中带有红晕，新奇美观。肉质细腻味甜，爽脆多汁，带有特殊清香味。含糖量 13 度以上。果皮厚 0.2 厘米左右，耐贮运，商品性好。综合性状表现佳。

十、小兰

特小凤型西瓜改良品种，黄肉，极早生，结果力强，丰产。果实圆球形至微长球形，皮色淡绿底子青黑色狭条斑，果重常为 1.5～2 千克，瓤肉黄色晶亮，种子小而少。本品种适于轻松土壤中栽培及在暖热干燥期栽培。

十一、蜜宝一号

耐低温性强，坐瓜整齐度好，开花到成熟 30～35 天。果实高球形，皮色深绿，条纹鲜明，外观漂亮。瓤色鲜红，肉质较硬，糖度高，品质好，耐储运。单瓜重可达 7～9 千克，产量高。

十二、珍甜 1217

冰糖高品质西瓜品种，易坐瓜，瓜近圆形，底色较绿，单果重 6 千克左右，条带较细，清晰度较好，皮薄，大红瓤，糖度高，品质非常好。

第十二节　茄子

一、王牌 2011

中早熟茄子杂交一代，该品种生长势强，坐果密，萼片黑紫色，果实粗直棒状，果长 30 厘米左右，横径 8 厘米左右，平均单果重 600 克，最大可达 1 000 克，果色黑紫艳丽，颜色不受光照强弱影响，自始至终油黑亮丽，无阴阳面，无青头顶，商品性居同类品种领先水平，果肉淡绿色，口感好，果肉组织致密，耐贮运，货架期长，抗逆性强，耐病，高产。是早春、拱圆棚等春季提早栽培专用品种。

二、齐鲁长茄二号

中熟杂交一代茄子品种，生长势强，植株高大，茎秆粗壮，直立性好，连续坐果力强。萼片紫色，果实长直棒状，顺直美观，果长 30～36 厘米，横径 6～8 厘米，平均单果重 600 克。果色黑亮，颜色不受光照影响，高温、低温下着色均匀，无阴阳面，商品性好。果肉淡绿色，籽少，口感佳，果肉抗氧化性好，果实坚致细密，耐贮运。耐高温、耐低温，生长期长，耐病、高产。

露地栽培一般 1—2 月播种，培育出适龄壮苗，断霜后定植，亩施腐熟好的鸡粪 3～4 米^3，圈肥 3～4 米^3，株距 50 厘米，行距 120 厘米，双杆整枝，生长中期支架生长，注意防治病虫害的发生。秋延迟栽培一般 5—6 月播种，施适量腐熟好的鸡粪、圈肥。显蕾定植，株距 50 厘米，行距 120 厘米，为提高商品性，中期务必支架生长。当白天气温低于 25℃，选择第二天要开的花，用保花保果激素沾花或喷花，预防病虫害发生。

三、盛圆六号

杂交一代早熟圆茄品种，第 6～7 节着生第一果。果实近圆球形，色泽黑亮，单果重 550～850 克，果脐小，商品性佳。果肉浅绿白色，肉质致密、细嫩，品质好。植株长势中等，适宜早春保护地及露地栽培。

第十三节　西葫芦

一、绿帅一号

植株长势旺盛，适宜条件下条长 22～28 厘米，瓜条长棒形，匀称顺直，瓜色油绿亮丽，且基本不受温度的影响，商品性优秀。适宜早春保护地种植。

二、绿秀 3027

植株蹲壮，高抗病毒病，对白粉和霜霉等病害也具有很强的抗性。条长 24～28 厘米，瓜色绿，商品性佳。适宜夏、秋保护地及露地种植。

三、秀玉 4363

长势强，瓜长 22～26 厘米，瓜色油绿，并且受温度影响小。膨瓜快，连续带瓜能力强，产量高。适应性广，早春茬、冬春茬、秋冬茬及越冬茬均宜种植。

第十四节　砧木

一、鼎力七号

西瓜嫁接砧木，中粒白籽南瓜，籽粒饱满均匀，外观漂亮。茎秆粗壮，子叶稍小，便于嫁接，亲和性好，前期易坐瓜，后期不早衰。抗病性显著增强，增产效果明显。

二、劲力一号

黄瓜专用嫁接砧木，小黄南瓜籽，籽粒饱满。祛蜡粉能力强，嫁接后瓜条更加顺直，更加油亮。亲和能力强，高抗枯萎病，对根结线虫也有一定的抗性。

图书在版编目（CIP）数据

设施蔬菜安全高效生产关键技术／高瑞杰，高中强主编．—北京：中国农业出版社，2017.6
ISBN 978-7-109-22683-8

Ⅰ.①设… Ⅱ.①高… ②高… ③山… Ⅲ.①蔬菜园艺—设施农业 Ⅳ.①S626

中国版本图书馆 CIP 数据核字（2017）第 015315 号

中国农业出版社出版
（北京市朝阳区麦子店街 18 号楼）
（邮政编码 100125）
责任编辑　刘　玮　黄向阳

中国农业出版社印刷厂印刷　新华书店北京发行所发行
2017 年 6 月第 1 版　2017 年 6 月北京第 1 次印刷

开本：880mm×1230mm　1/32　印张：7.375　插页：6
字数：240 千字
定价：40.00 元
（凡本版图书出现印刷、装订错误，请向出版社发行部调换）

蔬菜病虫害

黄瓜锰中毒（褐脉病）（张卫华）

黄瓜冷害（张卫华）

黄瓜缺钙（张卫华）

黄瓜药害（异丙威）（张卫华）

黄瓜白粉病（张卫华）

黄瓜病毒病（张卫华）　　黄瓜细菌性茎软腐病病果　　辣椒病毒病（张卫华）
（张卫华）

大白菜霜霉病叶片背面（李洪奎）　　番茄灰霉病病果（李洪奎）

番茄叶霉病病叶背面（李洪奎）　　番茄早疫病（李洪奎）

黄瓜枯萎病（李洪奎）

黄瓜霜霉病病叶（李洪奎）

黄瓜细菌性角斑病病叶（李洪奎）

黄瓜疫病（李洪奎）

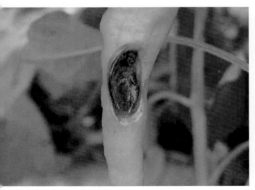

辣椒炭疽病病果（李洪奎）

辣椒疫病病茎（李洪奎）

根结线虫（张卫华）

潜叶蝇（张卫华）

温室白粉虱（张卫华）

蜗牛危害症状
（张卫华）

菜蚜（李洪奎）

瓜绢螟幼虫（李洪奎）